环境生态学习题集

Exercises for Environmental Ecology

主　编：王吉秀　王宏镔　李祖然

中国环境出版集团·北京

图书在版编目（CIP）数据

环境生态学习题集 / 王吉秀，王宏镔，李祖然主编
-- 北京：中国环境出版集团, 2024.3
ISBN 978-7-5111-5825-3

Ⅰ. ①环… Ⅱ. ①王… ②王… ③李… Ⅲ. ①环境生
态学－高等学校－习题集 Ⅳ. ①X171-44

中国国家版本馆 CIP 数据核字(2024)第 052374 号

责任编辑 侯华华
封面设计 宋 瑞

出版发行 中国环境出版集团
（100062 北京市东城区广渠门内大街 16 号）
网 址：http://www.cesp.com.cn
电子邮箱：bjgl@cesp.com.cn
联系电话：010-67112765（编辑管理部）
 010-67112735（第一分社）
发行热线：010-67125803，010-67113405（传真）
印 刷 玖龙（天津）印刷有限公司
经 销 各地新华书店
版 次 2024 年 3 月第 1 版
印 次 2024 年 3 月第 1 次印刷
开 本 787×960 1/16
印 张 11.5
字 数 206 千字
定 价 34.00 元

目　录

第一章　绪　论 1
　　一、填空题 1
　　二、名词解释 1
　　三、单项选择题 2
　　四、简答题 4
　　五、论述题 4

第二章　生物与环境 5
　　一、填空题 5
　　二、名词解释 6
　　三、单项选择题 7
　　四、多项选择题 11
　　五、判断题 11
　　六、简答题 12
　　七、论述题 12

第三章　生物种群与群落 14
　　一、填空题 14
　　二、名词解释 15
　　三、单项选择题 19
　　四、简答题 23
　　五、论述题 24

第四章　生态系统··26
　　一、填空题··26
　　二、名词解释··27
　　三、单项选择题··28
　　四、判断题··33
　　五、简答题··34
　　六、论述题··34

第五章　环境污染与生态修复··36
　　一、填空题··36
　　二、名词解释··37
　　三、单项选择题··38
　　四、判断题··41
　　五、简答题··41
　　六、论述题··41

第六章　生态破坏与生物的生态关系·································45
　　一、填空题··45
　　二、名词解释··45
　　三、单项选择题··46
　　四、简答题··47
　　五、论述题··47

第七章　全球变化及其对生物的影响·································48
　　一、填空题··48
　　二、名词解释··48
　　三、单项选择题··48
　　四、简答题··49
　　五、论述题··49

第八章 生物多样性与生物安全 50
　一、填空题 50
　二、名词解释 50
　三、单项选择题 51
　四、简答题 53
　五、论述题 53

第九章 环境生态与生态环境管理 54
　一、填空题 54
　二、名词解释 55
　三、单项选择题 56
　四、简答题 60
　五、论述题 60

第十章 环境生态与生态文明 62
　一、填空题 62
　二、名词解释 62
　三、单项选择题 62
　四、简答题 63
　五、论述题 63

期末测试真题（一） 64
　一、单项选择题 64
　二、填空题 65
　三、名词解释 66
　四、简答题 66
　五、论述题 67

期末测试真题（二） 68
　一、单项选择题 68
　二、填空题 69

三、名词解释 70

四、简答题 71

五、论述题 71

期末测试真题（三） 73

一、单项选择题 73

二、填空题 74

三、名词解释 75

四、简答题 75

五、论述题 76

期末测试真题（四） 77

一、单项选择题 77

二、填空题 78

三、名词解释 79

四、简答题 79

五、论述题 79

期末测试真题（五） 81

一、判断题 81

二、填空题 81

三、单项选择题 82

四、名词解释 83

五、简答题 84

六、论述题 84

硕士学位研究生入学考试模拟试卷（一） 85

一、名词解释 85

二、填空题 85

三、单项选择题 86

四、简答题 87

五、论述题 87

硕士学位研究生入学考试模拟试卷（二）.. 88
　　一、名词解释.. 88
　　二、填空题.. 88
　　三、简答题.. 89
　　四、论述题.. 89

硕士学位研究生入学考试模拟试卷（三）.. 90
　　一、名词解释.. 90
　　二、填空题.. 90
　　三、简答题.. 91
　　四、论述题.. 91

硕士学位研究生入学考试模拟试卷（四）.. 92
　　一、名词解释.. 92
　　二、比较题.. 92
　　三、简答题.. 92
　　四、论述题.. 93

硕士学位研究生入学考试模拟试卷（五）.. 94
　　一、名词解释.. 94
　　二、比较题.. 94
　　三、简答题.. 94
　　四、论述题.. 95

参考答案.. 96
　　第一章　绪　论.. 96
　　第二章　生物与环境.. 98
　　第三章　生物种群与群落.. 106
　　第四章　生态系统.. 114
　　第五章　环境污染与生态修复.. 123
　　第六章　生态破坏与生物的生态关系.. 131

第七章　全球变化及其对生物的影响 134

第八章　生物多样性与生物安全 136

第九章　环境生态与生态环境管理 139

第十章　环境生态与生态文明 147

期末测试真题（一） 149

期末测试真题（二） 150

期末测试真题（三） 152

期末测试真题（四） 154

期末测试真题（五） 156

硕士学位研究生入学考试模拟试卷（一） 159

硕士学位研究生入学考试模拟试卷（二） 163

硕士学位研究生入学考试模拟试卷（三） 165

硕士学位研究生入学考试模拟试卷（四） 168

硕士学位研究生入学考试模拟试卷（五） 171

第一章 绪 论

一、填空题

1．环境问题是指人类在利用和改造自然的过程中，对自然环境破坏和污染所产生的危害人类生存的各种_____，包括_____和环境污染。

2．世界八大公害事件中造成日本"骨痛病事件"的化学元素是_____。

3．生态系统的定义最初是由_____提出的。

4．经典生态学的研究对象有_____、_____、_____、_____。

5．生态学研究的理论基础是进化论物种起源的_____和_____两项基本原则。

6．根据研究方法，一般可把生态学分为野外生态学、理论生态学和_____。

7．种群生态学、景观生态学和全球生态学研究的对象分别是_____、_____和_____。

8．生态风险评价从范围上讲包括_____风险评价和_____风险评价。

9．在生态学研究中，使用最早、最普遍、最基本的方法是_____法。

10．1962年，美国海洋生物学家蕾切尔·卡逊在潜心研究使用_____所产生的种种危害之后，出版了著作《寂静的春天》。

11．在生态学上将火按来源分为_____和_____，按类型分为_____和_____。

二、名词解释（英文名词首先翻译成中文，然后给出中文解释）

1．环境生态学

2．生态破坏

3．环境污染

4．生态学

5．secondary environmental problem

三、单项选择题

1．生态学作为一个科学名词，最早给出"生态学"定义的是（　　）。

A．奥德姆　　　B．海克尔　　　　C．达尔文　　　　D．高斯

2．在诸多生态因子中，（　　）的因子称为主导因子。

A．能替代少数其他因子

B．对生物生长发育有明显影响

C．把其他因子的直接作用变为间接作用

D．对其他因子有影响作用

3．著有《生态学基础》一书并因此获得泰勒奖，被誉为"现代生态学之父"，首次提出生态学是"科学与社会的桥梁"的是（　　）。

A．E. P. Odum　　　　B．E. Haeckel

C．Clements　　　　　D．A. G. Tansley

4．下列表述正确的是（　　）。

A．生态学是研究生物形态的一门科学

B．生态学是研究人与环境相互关系的一门科学

C．环境生态学的研究对象既包括从宏观上研究环境中污染物和人为干预的环境对生物的个体、种群、群落和生态系统产生影响的基本规律，也包括从微观上研究污染物和人为干预的环境对生物的分子、细胞和组织器官产生的毒害作用及其机理

D．生态学是研究自然环境因素相互关系的一门科学

5．环境生态学诞生的标志是（　　）。

A．《寂静的春天》的问世

B．《人类环境宣言》的问世

C．《我们共同的未来》的问世

D．《里约环境与发展宣言》的问世

6．我国著名生态学家马世骏先生提出的生态学概念是（　　）。

A．生态学是研究生态系统的结构与功能的科学

B．生态学是研究生命系统和环境系统相互关系的科学

C．生态学是研究有机体的分布和多度的科学

D．生态学是研究生物的形态、生理和行为上的适应性的科学

7．世界环境与发展委员会（WCED）1987年向联合国提交（　　）研究报告，认为资源、环境是人类可持续发展的基础，实现了人类有关环境与发展思想的重要飞跃。

A．《人类环境宣言》　　　　　　B．《我们共同的未来》

C．《里约环境与发展宣言》　　　　D．《寂静的春天》

8．环境生态学研究包括分子、细胞、个体、种群、群落、生态系统、景观、生物圈等生命组织层次，但主要以（　　）为重点研究尺度。

A．种群　　B．群落　　　C．生态系统　　D．生物圈

9．臭氧层破坏属于（　　）。

A．地区性环境问题　　　　　　B．某个大陆的环境问题

C．某个国家的环境问题　　　　D．全球性环境问题

10．下列不属于生物圈的是（　　）。

A．岩石圈的上层　　　　　　B．大气圈的上层

C．大气圈的下层　　　　　　D．全部水圈

11．首次提出生态学定义的是（　　）动物学家海克尔，他于1866年在其所著的《有机体普通形态学原理》一书中提出生态学是研究生物与环境相互关系的科学。

A．英国   B．美国

C．法国   D．德国

12．联合国环境规划署（UNEP）公布的 2023 年世界环境日的主题是（   ）。

A．One Earth，One Family   B．Our Earth，Our Habitat，Our Home

C．Connecting People to Nature   D．Beat Plastic Pollution

13．国际生物多样性科学研究规划（DIVERSITAS）提出了 5 个核心研究计划和 5 个特殊研究领域，其中 5 个核心研究计划的重点是（   ）。

A．生物多样性对生态系统功能的影响

B．生物多样性的起源、维持和变化

C．生物多样性保护、恢复和可持续利用

D．与生物多样性有关的人文因素

14．《生物多样性公约》缔约方大会第十五次会议（CBDCOP15）于 2021 年 10 月 11 日至 15 日和 2022 年上半年分两个阶段分别在中国昆明和加拿大蒙特利尔召开，本次会议的主题是（   ）。

A．生态文明：共建地球生命共同体

B．生物多样性、发展和减贫

C．我们的生物多样性，我们的粮食，我们的健康

D．我们是自然问题的解决方案

15．达尔文出版《物种起源》，是在生态学发展历程中的（   ）。

A．萌芽期   B．建立初期

C．巩固期   D．现代生态学发展时期

四、简答题

1．简述环境生态学的主要研究内容与任务。

2．简述环境生态学的学科特点。

3．简述环境生态学的研究方法。

五、论述题

1．环境生态学和生态学、环境科学有什么关系？

2．环境问题是怎么产生的？

3．简述环境生态学的发展趋势。

第二章　生物与环境

一、填空题

1．环境是某一特定生物个体或生物群体以外的空间以及直接或间接影响该生物体或生物群体生存的一切因素的总和，人们的生活环境包括自然环境和_____。

2．大气根据气温的垂直分布可分为对流层、平流层、_____、热层和_____。

3．通常把土壤供应和调节植物对水、热、肥、气的需求的能力称为_____。

4．生态因子中生物生存必不可少的环境要素也称为生物的_____。

5．生物对生态因子耐受限度的调整方式主要有_____、适应、内稳态。

6．生态适应可分为趋同适应和_____。

7．生物对白天和黑夜相对长度的反应被称为_____。

8．生活在高纬度地区的恒温动物，其身体往往比生活在低纬度地区的同类个体大，因为个体大的动物，其单位体重散热量较少，这一现象被称为_____。

9．可以调节植物水分平衡和动物迁徙方向与距离的是_____。

10．有利的风速对植物的重要生态作用为帮助授粉和传播种子；但不利的风速会影响植物的形态特征，使其产生机械伤害，如造成_____、_____和_____。

11．根据生态因子的稳定性程度可把生态因子分为稳定因子和_____。

12．沙漠中的啮齿类动物对高温环境常常采取行为上的适应对策，如夏眠、_____或_____等。

13．描述温度与生物的发育关系最常采用的是_____法则，它是法国昆虫学家雷米尔（Reaumur）通过研究变温动物生长发育过程总结出来的。

14．限制因子原理主要包括两条重要的定律：_____和_____。

15．大马哈鱼生活在海洋中，生殖季节要洄游到淡水河流中产卵，而鳗鲡则在淡水中生活，要洄游到海洋中产卵。该例子说明了生态因子的_____作用。

16．区域环境中由于某一个（或几个）圈层的细微变化而产生的环境差异所形成的小环境被称为_____。

17．水生动物主要是通过调节_____来维持体内与环境的水分平衡。

18．德国化学家李比希认为，植物的生长取决于那些处于_____状态的营养成分。

19．红光和橙光主要被叶绿素吸收，蓝紫光也能被叶绿素和类胡萝卜素吸收，这部分辐射被称为_____。

二、名词解释（英文名词首先翻译成中文，然后给出中文解释）

1．生态因子

2．环境因子

3．生境

4．生态幅

5．内稳态

6．有效积温

7．栖息地

8．光饱和点

9．biosphere

10．photomorphogenesis

11．light compensation point

12．etiolation phenomenon

三、单项选择题

1．地形因子根据其对生物的作用又被称为（　　）。

A．直接因子　　　　　B．间接因子　　　　　C．稳定因子　　　　　D．变动因子

2．生物学零度是（　　）。

A．0℃　　　　　　　B．物理学零度　　　　　C．发育起点温度　　　D．18℃

3．恒温动物身体突出部分（如四肢、尾巴和外耳等）在低温环境中有（　　）的趋势，这也是减少散热的一种形态适应，这一适应常被称为阿伦（Allen）规律，

该规律描述的是动物对低温环境的适应能力。

    A. 变小变短   B. 变大变长   C. 不变   D. 变小变长

4. 下列植物中，属于长日照植物的是（　　）。

    A. 大豆   B. 玉米   C. 冬小麦   D. 水稻

5. 有效积温法则公式 $K=N(T-C)$ 中，C 为（　　）。

    A. 平均温度   B. 发育的时间   C. 有效积温   D. 发育起点温度

6. 一般而言，高纬度地区作物整个生育期所需有效积温较低纬度地区的（　　）。

    A. 多   B. 少   C. 一样   D. 不确定

7. 大多数植物的生长和干物质积累在变温条件下与恒温条件下相比（　　）。

    A. 更有利   B. 更不利   C. 一样   D. 不确定

8. 生物生存受各生态因子量的影响，大于或小于生物所能忍受的限度，超过因子间的补偿调节作用，就会影响生物的生长和分布，甚至导致其死亡。对生物的生长、发育、繁殖、数量和分布起限制作用的关键性因子被称为（　　）。

    A. 限制因子   B. 直接因子   C. 间接因子   D. 变动因子

9. 大气温度随海拔高度增加而升高的现象被称为（　　）。

    A. 正常温层   B. 逆温层   C. 积温   D. 以上答案均不对

10. 水生植物的特点是（　　）。

    A. 通气组织发达   B. 机械组织发达   C. 叶面积小   D. 根系发达

11. 旱生植物的特点是（　　）。

    A. 根系发达，叶表面积较小   B. 根系发达，叶表面积较大

    C. 根系不发达，叶表面积较小   D. 根系不发达，叶表面积较大

12. 最有利于植物生长的土壤质地是（　　）。

    A. 黏土   B. 砂土   C. 壤土   D. 黄土

13. 最有利于植物生长的土壤结构是（　　）。

    A. 团粒结构   B. 片状结构   C. 块状结构   D. 柱状结构

14. 阴性植物的特点是（　　）。

    A. 光补偿点较高，生长在全光照条件下

    B. 光补偿点较高，生长在阴湿条件下

    C. 光补偿点较低，生长在全光照条件下

    D. 光补偿点较低，生长在阴湿条件下

15. 土壤细菌和豆科植物的根系所形成的共生体称为（　　）。

A. 菌根　　　　　B. 根瘤　　　　　C. 菌丝　　　　　D. 子实体

16. 根据生态因子作用大小与生物数量的相互关系，生态因子可分为密度制约因子和（　　）。

A. 非密度制约因子　B. 地形因子　　C. 稳定因子　　D. 气候因子

17. 氧气对水生动物来说属于（　　）。

A. 综合因子　　　B. 一般生态因子　C. 限制因子　　D. 替代因子

18. 当光照强度不足时，二氧化碳浓度的适当提高会使植物光合作用强度不至于降低，这种作用称为生态因子的（　　）。

A. 综合作用　　　B. 不可替代作用　C. 补偿作用　　D. 阶段性作用

19. 对海洋岩礁上的藻类植物进行调查时发现，一般在浅水处生长着绿藻，稍深处生长着褐藻，再深一些的水域中则以红藻为主。直接影响海洋中藻类植物分布的主要生态因素是（　　）。

A. 海水含盐量　　B. 阳光　　　　C. 温度　　　　D. 海水含氧量

20. 下列实例中，主要属于适应温度条件的是（　　）。

A. 仙人掌的叶刺　　　　　　　B. 蛾类的趋光性

C. 人参在林下才能生长好　　　D. 南橘北梨

21. 沙漠狐的耳朵比极地狐的耳朵大得多，造成这种差异的主要生态因素是（　　）。

A. 水　　　　　　B. 温度　　　　C. 食物　　　　D. 阳光

22. 在光与植物形态建成的各种关系中，植物对黑暗环境的特殊适应产生了（　　）。

A. 辐射效应　　　B. 代谢效应　　C. 黄化现象　　D. 白化现象

23. 植物光合作用的光谱范围主要是（　　）。

A. 绿光　　　　　B. 可见光区　　C. 紫外光区　　D. 红外光区

24. 在太阳辐射中，主要引起光学效应，促进维生素 D 的形成和杀菌作用的光是（　　）。

A. 绿光　　　　　B. 红光　　　　C. 紫外光　　　D. 红外光

25. 俗话说"橘生淮南则为橘，橘生淮北则为枳"，反映了（　　）的生态学原理。

A. 生物适应环境　B. 环境适应生物　C. 生物影响环境　D. 环境影响生物

26. 植物生长发育是在全光谱下进行的，但各光谱成分对植物的影响和作用不同。其中可见光中的（　　）在光合作用中很少被吸收利用，而被叶片透射或反射，因此被称为生理无效辐射。

　　A．红光　　　　　　B．绿光　　　　　　C．蓝光　　　　　　D．紫光

27．在较弱的光照条件下，植物光合作用也较弱，植物光合作用所产生的有机物质恰好抵偿呼吸作用所消耗的有机物时的光照强度被称为（　　）。

　　A．光饱和点　　　　　B．最适光强　　　C．光补偿点　　　D．最弱光强

28．短日照植物通常是在日照时间短于一定数值时才开花，否则就只进行营养生长而不开花，这类植物多数在早春或深秋开花。下列属于短日照植物的是（　　）。

　　A．水稻　　　　　　B．大麦　　　　　　C．油菜　　　　　D．番茄

29．土壤水分根据所受作用力不同被分为吸湿水、膜状水、毛管水和重力水，其中对植物生长发育产生重要影响的是（　　）。

　　A．吸湿水　　　　　B．膜状水　　　　　C．毛管水　　　　D．重力水

30．生活在高原地区的人群，血液中红细胞较多，与此相关的生态因子是（　　）。

　　A．阳光　　　　　　B．温度　　　　　　C．空气　　　　　D．水分

31．民谣"一年四季无寒暑，一雨便成秋"描述的是我国（　　）的气候特征。

　　A．桂林　　　　　　B．昆明　　　　　　C．三亚　　　　　D．贵阳

32．下列属于旱生植物生理适应的是（　　）。

　　A．发达的储水组织　　　　　　B．原生质的高渗透压

　　C．叶片特化成刺　　　　　　　D．扇状运动细胞

33．低温是冬小麦发芽阶段需要的重要条件，但是当处于苗期时，低温可能会造成冻害。这体现了生态因子对生物作用的（　　）。

　　A．主导性　　　　　B．非等价性　　　C．阶段性　　　D．不可替代性

34．莲藕的通气组织属于（　　）。

　　A．外环境　　　　　B．区域环境　　　C．微环境　　　D．内环境

35．下列水生植物中，属于挺水植物的是（　　）。

　　A．水葫芦　　　　　B．荷花　　　　　C．睡莲　　　　　D．海菜花

36．地球表面最初的大气成分中，最不可能含有的是（　　）。

　　A．N_2　　　　　　B．O_2　　　　　　C．H_2S　　　　D．CH_4

37．菊花在北方一般晚秋开花，如果要让菊花在夏天开花，可以采取的措施是（　　）。

　　A．增加光照　　　B．减少光照　　　C．增加温度　　　D．降低温度

38. 植物在应用光能、固定和还原二氧化碳的形式方面形成了不同的适应方式，下列不属于其适应方式的是（　　）。

A．C3 途径　　　　B．C2 途径　　　　C．CAM 途径　　　D．C4 途径

39. 东北某林区的山底是落叶阔叶林、中部是红松林、山顶是冷杉林，造成这种分布状况的主要生态因素是（　　）。

A．阳光　　　　　B．水分　　　　　C．温度　　　　　D．土壤

四、多项选择题

1. 根据植物对光强的适应性，植物的生态类型可分为（　　　　）。

A．阳性植物　　　　　B．阴性植物　　　C．耐阴植物　　　D．中性植物

2. 温度的"三基点"为（　　　　）。

A．最高温度　　　　　B．最低温度　　　C．最适温度　　　D．积温

3. 由于土壤缺水或大气相对湿度过低对植物造成的伤害被称为旱害，包括（　　　　）。

A．低温伤害　　　　　B．高温伤害　　　C．脱水伤害　　　D．缺水伤害

4. 强风对植物的生态作用有（　　　　）。

A．风折　　　　　　　B．风倒　　　　　C．风拔　　　　　D．畸形树冠

5. 沙生植物的适应方式有（　　　　）。

A．不定根和不定芽　　B．根系大，根套　　C．休眠　　D．风媒和无性繁殖

6. 下列各项中，是非生物因素的有（　　　　）。

A．食物链　　　　　　B．水　　　　　　C．阳光　　　　　D．大气

五、判断题

1. 生活在高纬度地区的恒温动物，一般其身体较低纬度地区的同类个体小，以此来增加单位体重的散热量，这一适应规律被称为贝格曼规律。（　　）

2. 白天空气的温度随海拔高度的增加而升高。（　　）

3. 植物开始生长和进行净生产所需要的最小光照强度被称为光补偿点。（　　）

4. 光照强度在赤道地区最大，随纬度的增加而减弱。（　　）

5. 生物的昼夜节律和光周期现象是受温度控制的。（　　）

6. 被称为"沙漠之舟"的骆驼在沙漠里可以 17 天不喝水，脱水量达体重的 27% 仍可照常行走，属于行为上的适应。（　　）

7．水分不足会引起动物的滞育或休眠。（　　）

8．根据植物对水分的需求量和依赖程度，可以把植物划分为水生植物和陆生植物。（　　）

9．水生植物的特点是通气组织发达，旱生植物的特点是根系发达、叶面积小。（　　）

10．阳性植物光补偿点的位置较阴性植物低。（　　）

11．大气中的 CO_2 浓度对植物影响很大，它不仅是植物有机物质生产的碳源，而且对于维持地表温度的相对稳定有极为重要的意义。（　　）

12．大多数植物的生长和干物质积累在变温条件下比恒温条件下有利，且在高温环境的适应主要体现为形态、生理和行为的适应。（　　）

六、简答题

1．简述生态因子的种类和生态因子作用的基本特征。

2．简述红光、蓝光和紫外线的生态作用。

3．简述有效积温法则的生态学意义。

4．简述土壤的生态学意义。

5．简述植物以水、光照、温度、土壤为主导因子而划分的生态类型。

6．导致南方植物移植北方不能正常生长或生存的生态因子可能有哪些？

七、论述题

1．水具有哪些生态作用？生物对极端水环境具有哪些适应性？

2．生物适应环境主要有哪些途径？

3．为什么说土壤是介于生物和非生物之间的一个特殊生态因子？如何保护和利用土壤？

4．如何理解在生物与环境的相互关系中环境是主导的而生物是主动的？

5．请解释以下生态现象。

（1）如果没有生命出现，地球上大气中 N_2 和 O_2 的浓度可能为 1.9% 和 0.0%，而不是现在的 78% 和 21%。

（2）毛冬青在 20～30℃时，发芽率为 70%～80%，但在 25℃时发芽率仅为 20%～30%。

（3）我国云南西双版纳，在 2 500 m² 的面积内有 130 种植物；在巴西，777 hm²

的面积内有 4 000 种乔木；在爪哇西部，280 hm² 的面积内有 250 种不同的树木，相当于欧洲全部树种之和。

（4）"冬天不冷，不能吃饼"（农业谚语）。

（5）云南的山苍子中柠檬酸含量达 60%～80%，而浙江的山苍子中柠檬酸含量只有 35%～50%。

（6）"停车坐爱枫林晚，霜叶红于二月花。"（［唐］杜牧《山行》）

（7）研究表明，人为延长光照时间，可以促进萝卜、菠菜、小麦、大麦、油菜等植物提前开花。

（8）把豹蛙放在温度为 10℃的环境中进行试验，发现如果在此之前，它长期生活在 25℃的环境中，它的耗氧速率约为 35 μL/（g·h）；但如果在此之前生活在 5℃的环境中，则它的耗氧速率约为 80 μL/（g·h）。

（9）黄瓜、番茄、番薯、四季豆和蒲公英等，只要其他条件合适则在任何日照条件下都能开花。

（10）在美国俄勒冈州，鹿类曾经流行肝吸虫病和肺寄生虫病，但在 1933 年的一场大火过后，鹿类就再也没发生这类疾病。

（11）"儿童急走追黄蝶，飞入菜花无处寻。"（［宋］杨万里《宿新市徐公店》）

（12）澳大利亚曾开垦过数百万亩荒地种植牧草，其水分、温度及其他自然条件均较为优越，但因缺乏元素钼（Mo），牧草生长不良。给土壤施用钼肥后，苜蓿生长良好，这些荒地成为澳大利亚的重要牧场。

（13）小麦在我国青藏高原地区一般千粒重为 40～50 g，同一品种比在平原地区重 5%～30%。

（14）在高山、风口处常可看到有些树木形成畸形树冠，常称为"旗形树"。

（15）已故"杂交水稻之父"袁隆平院士毕生致力于杂交水稻研究，其研制的杂交水稻主要种植于各水稻种植区，而不能在海水中生长收获。但袁老晚年开发的海水稻在沿海滩涂中取得了不错的收成。

（16）在云南省香格里拉市哈巴雪山海拔 4 000 m 附近生长的杜鹃灌丛树干总长可以达到 5～6 m，但几乎全部成匍匐状。

（17）与生长在赤道附近的土著人相比，生长在北极附近的土著人鼻梁更高、鼻腔更长。

（18）"燕子来时新社，梨花落后清明。"（［宋］晏殊《破阵子·春景》）

（19）养在家中阴凉处的绿萝朝向阳台的一侧会更茂盛，绿色也更深。

第三章　生物种群与群落

一、填空题

1．种群在小范围内个体与个体之间的空间排布方式或相对位置称为空间格局，一般可以分为_____、随机分布以及均匀分布三种格局类型。

2．−3/2 自疏法则：_____是指当随着播种密度的提高，种内对资源的竞争不仅影响个体的生长发育速度，也影响个体的存活率，于是在高密度的样方中，出现了部分个体死亡的现象。该过程中存活个体的平均株干重（W）与种群（d）之间的关系为 $W=Cd^{-a}$，其中 $a=$_____，C 为常数。

3．K-对策者是以_____取胜，r-对策者是以_____取胜。

4．种群的年龄结构又被称为年龄分布，是种群的重要特征之一，指的是种群内个体的年龄分布状况，即各年龄或年龄组的个体数占整个种群个体数的百分比。根据种群的发展趋势，种群的年龄结构可以分为增长型种群、稳定型种群和_____3 种类型。

5．由生命表可以获得存活曲线、_____和_____等。

6．种间关系可分为正相互作用、_____和中性作用。

7．生态位可分为_____、_____、_____，生态位的大小可以用_____来表示。

8．植物群落随纬度与经度的变化而出现有规律的分布称为水平地带性，而群落沿海拔的变化而表现出来的有规律的分布称为垂直地带性，二者合称为_____。

9．一个群落被另一个群落所替代的过程为群落的演替，根据起始条件不同可划分为_____和_____。

10．在特定的环境条件下种群的实际出生率为_____。

11．生物种群是生物群落的基本组成单位，也是生态系统研究的基础。生物种群最基本的特征是_____特征、_____特征和_____特征。

12．用于描述群落内草本植物组成的数量特征，即对草本物种个体数目多少的估测指标为_____。

13．重要值是用来表示某个物种在群落中地位和作用的综合数量指标，其计算公式为：重要值=_____＋_____＋_____。

14．集群效应对种群整体是有益的，它可以提高捕食效率和_____、_____和增加彼此学习的效率。

15．生长在世界各大洲环境相似的地区由于趋同进化而具有相同生长型的植物，可以被称为_____。

16．在渔业生产上，为获得最大持续产量，在对鱼类进行捕捞时，应使鱼类的种群数量保持在_____。

17．种群的逻辑斯谛增长曲线可以分为_____个时期，其中_____期种群增长最快。

18．群落水平结构的主要特征就是指它的_____。

19．在一个种群中随机抽出一定数量的个体，其中基因型为 AA 的个体占 30%，基因型为 Aa 的个体占 58%，基因型为 aa 的个体占 12%。那么 a 的基因频率为_____。

20．生活型和_____决定群落的外貌，而外貌是群落分类的重要指标之一。

21．种群生态学常用的研究方法包括_____、_____和_____。

22．自然界中物种存在的基本单位是_____。

23．种群的暴发可以发生在种群数量的不规则或周期波动内，常见的为害虫、害鼠的暴发，以及_____和_____现象。

24．某一物种的盖度与群落中盖度最大的物种盖度之比称为_____。

25．Lotka-Volterra 模型是描述种间竞争的经典模型，两个物种间的竞争结果是_____、_____或_____。

26．如果一个种群在某一时期由于环境灾难或过度捕捞等原因数量急剧下降，这会伴随基因频率的变化和总遗传变异的下降，就被称为经历_____。

27．种群调节是指种群数量恢复到其平均变动密度的趋向。通常把影响种群调节的各因素分为_____和_____两大类。

二、名词解释（英文名词首先翻译成中文，然后给出中文解释）

1．种群

2．环境容量

3．种间关系

4．他感作用

5．生态位

6．生物群落

7．优势种

8．建群种

9．层片

10．边缘效应

11．密度效应

12．protocooperation

13．多元顶级论

14．Gause's hypothesis

15．life form

16．coevolution

17．生态型

18．Allee's principle

19．richness index

20．intraspecific competition

21．genetic drift

22．植被缓冲带

23．偏利共生

24．keystone species

25．香农-威纳指数

26．最小种群原则

27．MSY 原理

三、单项选择题

1．在北半球从赤道开始北上可能遇到的地带性森林依次是（　　）。

A．雨林、云南松林、常绿阔叶林和落叶林

B．雨林、落叶林、常绿阔叶林和针叶林

C．雨林、常绿阔叶林、针叶林和落叶阔叶林

D．雨林、常绿林、落叶林和针叶林

2．在生物群落中，判断一个物种是否为优势种的主要依据是（　　）。

A．物种数量　　　　　　　　　B．物种生物量

C．物种的体积　　　　　　　　D．物种在群落中的作用

3．在我国的西双版纳热带雨林中，主要以下列哪种生活型的植物为主？（　　）

A．地面芽植物　　　　　　　　B．地上芽植物

C．地下芽植物　　　　　　　　D．高位芽植物

4．亚热带地区的典型地带性植被为（　　）。

A．苔原　　　　B．热带雨林　　　C．常绿阔叶林　　　D．针叶林

5．群落之间、群落与环境之间相互关系的可见标志是（　　）。

A．群落外貌　　　　　　　　　B．群落水平结构

C．生态位　　　　　　　　　　D．群落垂直结构

6．旱生演替系列的先锋群落是（　　）。

A．草本群落　　　B．苔藓群落　　　C．大型真菌群落　　　D．地衣群落

7．群丛是植物（　　）分类的基本单位，相当于植物分类中的种。

A．种群　　　　B．群落　　　　C．物种　　　　　　D．生态系统

8．以红松为主的针阔叶混交林主要分布区在（　　）。

A．亚热带　　　　B．温带　　　　C．寒温带　　　　D．暖温带

9．植物在新地点上能（　　）是植物定居成功的标志。

A．植株生长　　　B．植株开花　　　C．长出新根　　　D．繁殖

10．由于环境要素中水分的影响，我国的植被自东向西依次分布的植物群落为（　　）。

A．森林—草原—荒漠　　　　　　B．草原—森林—荒漠

C．荒漠—森林—草原　　　　　　D．荒漠—草原—森林

11．单元顶级学说中的"顶级"是指（　　）。

A．气候顶级　　　B．偏途顶级　　　C．土壤顶级　　　　D．地形顶级

12．当谈到某森林分为乔木层、灌木层和草本层时，这里指的是（　　）。

A．群落的垂直成层性　　　　　　B．群落的水平成层性

C．群落的垂直地带分布　　　　　D．群落的镶嵌性

13．（　　）对策者通常出现在群落演替的早期系列。

A．r-K 连续体　　B．K-选择者　　C．r-选择者　　　　D．S-选择者

14．种群呈"S"形增长过程中，当种群数量超过环境容量的一半时，种群的（　　）。

A．环境阻力越来越小　　　　　　B．密度增长越来越快

C．环境阻力越来越大　　　　　　D．密度越来越小

15．种群为逻辑斯谛增长时，开始期的特点是（　　）。

A．密度增长最快　　　　　　　　B．密度增长缓慢

C．密度增长逐渐变慢　　　　　　D．密度增长逐渐加快

16．收获理论中，收获目标指的是（　　）。

A．长期持续获得最大产量　　　　B．收获种群所有个体

C．收获恒定产量　　　　　　　　D．收获最大产量

17．若 K 为种群的环境容量，在逻辑斯谛增长过程中种群密度增长最快时的个体数量为（　　）。

A．等于 $K/2$　　B．等于 K　　　C．大于 $K/2$　　　D．小于 $K/2$

18．Deevey 将种群存活曲线分为 3 个类型，其中表示接近生理寿命前只有少数个体死亡的曲线为（　　）。

A．对角线形曲线　　B．"S"形曲线　　C．凹形曲线　　　D．凸形曲线

19．东亚飞蝗的发生在种群数量变动中属于（　　）。

A．不规则波动　　　B．种群平衡　　　C．季节性消长　　D．周期性波动

20. 下列属于构件生物的是（　　）。

A. 牛　　　　　　B. 青蛙　　　　　　C. 珊瑚虫　　　　　　D. 蛔虫

21. 某一种群的年龄锥体的形状为基部较狭、顶部较宽，这样的种群属于（　　）。

A. 稳定型种群　　B. 增长型种群　　C. 下降型种群　　　　D. 混合型种群

22. 不符合增长型的种群年龄结构特征的是（　　）。

A. 幼年个体多，老年个体少　　　　B. 年龄锥体下宽、上窄

C. 出生率小于死亡率　　　　　　　D. 生产量为正值

23. 种群平衡是指（　　）。

A. 种群数量在较长时期内维持在几乎同一水平

B. 种群的出生率和死亡率均为零

C. 种群的出生率和死亡率相等

D. 种群迁入和迁出相等

24. 群落交错区和边缘效应的主要特征是它的（　　）。

A. 外貌　　　　　B. 不稳定　　　　　C. 成层性　　　　D. 一致性

25. 如果人口按照与密度无关的种群连续增长模型（$dN/dt=rN$）增长，则人口倍增时间为（　　）。

A. $0.3/r$　　　　B. $0.5/r$　　　　C. $0.7/r$　　　　D. $0.9/r$

26. 从演替的起始条件来看，在农田弃耕地上发生的群落演替属于（　　）。

A. 原生演替　　　B. 次生演替　　　C. 自养性演替　　D. 旱生演替

27. 下列不属于动物种群内源自动调节说的是（　　）。

A. 行为调节　　　B. 内分泌调节　　C. 遗传调节　　　D. 反馈调节

28. 样地是指能够代表所研究群落基本特征的一定地段或一定空间。一般在调查群落结构复杂的热带雨林时，样地面积至少为（　　）m^2。

A. 500　　　　　B. 1 000　　　　　C. 2 500　　　　D. 5 000

29. 蒙古高原典型气候顶级是大针茅草原，但是松厚土壤上的羊草草原是在大针茅草原出现之前出现的一个比较稳定的阶段，即（　　）。

A. 超顶级　　　　B. 偏途顶级　　　C. 前顶级　　　　D. 亚顶级

30. 社会动物是指具有分工协作等社会性特征的集群动物，下列动物中不属于社会动物的是（　　）。

A. 蜜蜂　　　　　B. 人类　　　　　C. 老虎　　　　　D. 白蚁

31. 下列植物中，属于聚盐性植物的是（　　）。

　　A．梭梭柴　　　　B．大米草　　　　C．红树　　　　D．田菁

32．种群生态学的核心内容是（　　）。

　　A．种群增长　　B．种群关系　　　C．种群动态　　D．种群暴发

33．群落外貌主要取决于（　　）。

　　A．优势种植物　B．建群种植物　　C．伴生种植物　　D．亚优势种植物

34．美国学者 Deevey 将种群的存活曲线分为 3 种类型，我们人类的存活曲线属于（　　）。

　　A．凸形（Ⅰ型）　B．对角线形（Ⅱ型）　C．凹形（Ⅲ型）　D．A 或 B

35．群落调查中，群落中某一物种出现的样方数占全部样方数的百分比称为（　　）。

　　A．相对频度　　B．频度　　　　　C．频度比　　　D．相对显著度

36．在一个种群内，不同年龄段的个体数量表现为：幼年最多，老年最少，中年居中，这个种群的年龄结构形状呈（　　）。

　　A．锥形　　　　B．壶形　　　　　C．钟形　　　　D．混合形

37．群落调查中，某一物种的密度占群落中密度最高的物种密度的百分比被称为（　　）。

　　A．相对多度　　B．绝对密度　　　C．相对密度　　D．密度比

38．中国植物群落分类原则是（　　）。

　　A．生态学原则　　　　　　　　B．动态原则

　　C．群落学-生态学原则　　　　　D．植物区系学原则

39．先锋植物在裸地上出现时，其空间格局通常是（　　）。

　　A．均匀型　　　B．随机型　　　　C．群聚型　　　D．分散型

40．下列属于地带性顶级的群落是（　　）。

　　A．沼泽　　　　B．水生群落　　　C．盐碱群落　　D．荒漠群落

41．北美洲的仙人掌、非洲的大戟的茎均呈肉质带刺，这属于（　　）。

　　A．拟态　　　　B．趋异适应　　　C．趋同适应　　D．协同进化

42．防御和竞争能力不强，但出生率高，适应性强，扩散及恢复能力也强，不容易灭绝的是（　　）。

　　A．K-对策者　　B．r-对策者　　　C．植物　　　　D．动物

43．从生物与环境适应性的角度出发，在畜牧业比较发达的印度北部，有乳糖耐受性的人群比例与以素食为主的泰国相比（　　）。

A．更高　　　B．更低　　　C．一样　　　D．时高时低

44．顶级-格局假说是由（　　）提出的。

A．R. H. Whittaker　　B．A. G. Tansley　　C．F. E. Clements　　D．H. C. Cowle

45．下列不属于直接竞争的是（　　）。

A．资源利用性竞争　　B．异种化感　　C．争夺配偶　　D．争夺栖息地

46．南美洲有一种没有自卫能力的文鸟，其选择最凶狠、最有毒的黄蜂为邻居，借以保护自己，二者之间的种间关系属于（　　）。

A．偏利共生　　B．互利共生　　C．原始协作　　D．寄生

47．下列属于 r-对策者特点的是（　　）。

A．存活曲线多为 A、B 型　　　　B．寿命较长，通常大于 1 年

C．常具有完善的抚育和保护机制　　D．发育较快，体型小

48．植物群落调查中，植物基部的覆盖面积称为基盖度。对于森林群落，常以树木胸高约（　　）处的断面积计算。

A．1.1 m　　　B．1.2 m　　　C．1.3 m　　　D．1.4 m

49．有些植物的茎柔软而且机械组织不发达，茎内具有很大的细胞间隙和很薄的角质层，这些植物属于（　　）。

A．旱生植物　　B．水生植物　　C．中生植物　　D．盐生植物

50．如果一个种群按世代重叠的指数增长模型进行增长，则当种群稳定时种群的瞬时增长率（r）的取值范围是（　　）。

A．$r=0$　　　B．$r=1$　　　C．$0<r<1$　　　D．$0<r<\ln2$

51．调查发现在某草原区内出现了荒漠植被片段，这样的演替顶极属于（　　）。

A．亚顶极　　B．分顶极　　C．先顶极　　D．后顶极

52．下列不是热带雨林植被的特点的是（　　）。

A．种类组成极为丰富　　　　B．群落结构复杂

C．乔木具有特殊构造　　　　D．季相交替明显

53．在植物群落配置时，将浅根性植物与深根性植物配置，主要是遵循了（　　）。

A．互利共生原理　　　　B．生态位原理

C．资源充分利用原理　　　　D．生态演替原理

四、简答题

1．简述引起种群数量变动的 4 个初级种群参数。

2．比较 *r*-对策者和 *K*-对策者的异同。

3．简述种群的逻辑斯谛增长模型。

4．简述植物寄生作用的特点。

5．简述他感作用的意义。

6．简述生态位在农业生产中的应用。

7．简述生物群落的基本特征。

8．简述边缘效应产生的原因。

五、论述题

1．论述原生演替系列与次生演替系列。

2．论述演替中的群落与顶级群落的特征。

3．论述影响群落演替的因素。

4．论述种群调节的概念。

5．种群的动态研究是种群生态学的核心内容，即研究种群数量在时间上和空间上的变动规律及其变动原因（调节机制）。请论述种群数量变动的主要类型以及种群调节的主要理论。

6．试论述优势种、建群种和关键种的联系与区别。

7．同一种生物的不同个体，或多或少都会在一定的时期内生活在一起，从而保证种群的生存和正常繁殖，这种现象称为集群（aggregation）。集群是种群的一种适应性特征。请分析生物产生集群的原因以及集群的生态学意义。

8．野外植物群落调查是生态学研究的基本方法之一，请简述在野外如何调查一个植物群落，写出主要步骤和应记录的主要参数。

9．川金丝猴属于灵长目猴科，主要分布在四川、甘肃、陕西和湖北，常年栖息于海拔 1 500～3 300 m 的森林中，是杂食性动物，平均寿命为 16～18 年。成年雌川金丝猴一般 4～5 岁性成熟，每 2 年产仔 1 次，1 次 1 胎，雌猴要用 1 年的时间来哺育小川金丝猴，陪伴小川金丝猴玩耍、进食，表现了灵长类动物伟大的母爱关怀。请通过川金丝猴的生长繁殖行为，分析其生活史对策的特征并说明原因。

10．在开垦种植丢荒后，地面最初出现的是杂草，一般是青蒿、紫茎泽兰等，均为小面积零散分布，而且组合混杂、变化较快。随着生命进程的进行，草丛中开始定居一些阳性的乔木、灌木种类（如朝天罐、马桑、水锦树、玉叶金花、南烛等），形成灌草丛。这些灌草丛种类均可与云南松、栓皮栎、滇油杉等乔木树种混生，在自然条件下，其可进一步发展成为稀树林、直到密集的地带性常绿阔叶林。请运用环境生态学知识，判断以上材料中描述的群落演替的类型及方向，并归纳其演替的过程。

11. 2021 年云南 17 头亚洲象在全世界当了一回"网红"：这一象群自 4 月 16 日开始北上，6 月 7 日逼近昆明，8 月中旬返回原栖息地，历时 4 个多月。从监测资料看，这一象群 2020 年 10 月时只有 16 头，11 月有 1 头小象出生。在北上的过程中，有 2 头象中途离开返回了原栖息地。请从种群生态学角度阐述研究这一象群时应关注哪些核心内容，并对每个核心内容进行适当解析。

12. 请解释以下生态现象。

（1）Sundin 等分析了密克罗尼西亚某岛屿上人群中色盲的比例在 4%～10%，比其他地区的人要高得多。原来早在 1780 年，台风袭击了这个岛，当时岛上只剩有 30 个幸存者，其中男性 9 名，并有 1 名是色盲。

（2）1859 年，欧洲的穴兔由英国引入澳大利亚西南部，穴兔的生活范围每年以 112.3 km 的速度向北扩展，16 年后在澳大利亚东岸发现了穴兔，即 16 年中穴兔的生活范围向东推进了 1 770 km。

（3）草甸上的三叶草，在对它们特别有利的个别年份里大量发育，称"三叶草年"。"三叶草年"之后，三叶草在草群中的地位显著降低，种子逐渐发育成幼苗，几年后，"三叶草年"会再次来临。

（4）研究发现，白蚁的消化道中生活着一种强厌气性鞭毛虫，它能分泌水解纤维素的酶，用来消化白蚁摄取的木材。如果把白蚁体内的这种原生动物杀死，白蚁很快会因饥饿而死亡。

（5）"落红不是无情物，化作春泥更护花。"（[清] 龚自珍《己亥杂诗》）

（6）某牧草留种区，为了预防鸟啄食草籽，用网把留种地罩上。后来发现，草的叶子几乎被虫吃光了。

（7）非洲象要能够生存，每群至少要有 5 头；北方鹿每群不少于 300 头。

（8）6 英寸（1 英寸=2.54 cm）长的鳟鱼在 DDD（一种农药）浓度为 $1.0×10^{-11}$ 的污水中，20 天后富集系数达 2 000 倍，而食蚊鱼完成这一浓缩过程，只需要 24 h。

（9）在以自来水浇灌的情况下，苹果树新梢的年生长量为 127.5 cm；以苜蓿和燕麦的浸出液浇灌时，年生长量只有 95 cm；而以冰草浸出液浇灌时，年生长量仅有 85.2 cm。

第四章　生态系统

一、填空题

1. 生态系统是一定时间和空间内，生物与非生物成分组成的有机的统一整体，生态系统是生态学的_____。

2. 生态系统研究的对象，可概括为_____与_____两部分。

3. 生态系统研究的中心包含_____和_____。

4. 科学家们对生态系统的研究主要包括_____、定位观测、调查取样、_____和系统分析等几个方面。

5. 食物链的类型可以分为_____、_____、_____、寄生食物链。

6. 生态金字塔可分为 3 类：数量金字塔、_____、_____。

7. 根据人类对生态系统的影响程度，可将生态系统分为_____和_____。

8. 自然生态系统都会发生_____、物质循环、能量流动、信息传递。

9. 物质循环可以分为水循环、气循环和_____。

10. 生物之间进行的信息传递，信息可以分为物理信息、化学信息、_____和_____。

11. 火灾常给森林带来较大危害，但是在某些国家有时对寒带地区森林中的残枝落叶等进行有限度的人工火烧，以对森林进行资源管理，这种人工火烧的主要目的是_____。

12. 在一个阴湿性山洼草丛中，有一堆长满苔藓的腐木，其中聚集着蚂蚁、蚯蚓、蜘蛛、老鼠等生物，这些生物共同构成了一个_____。

13. 美国生态学家 P. R. Ehrlich 等于 1981 年提出了一个假说，认为生态系统中每个物种都具有不可替代的功能，任何一个物种消失或灭绝都会导致系统的变故，这个假说被称作_____。

14．1935 年，英国生态学家 Tansley 提出了_____这一重要的科学概念，使之成为生态学发展历程上的一个重要转折的开始。

15．地球上的降水是不均匀的，这主要由于_____、_____和_____不同所致。

16．在被消费者同化的能量中，用于生长和繁殖的部分称为_____。

17．生态系统的基本结构主要包括物种结构、_____、空间结构和时间结构 4 个方面。

18．Gaia 假说认为，_____保证了整个地球系统的稳定性。

19．同一物种或不同物种个体相遇时，产生的异常行为或表现传递了某种信息，可统称为_____。这些行为信息可能是_____、_____，甚至是挑战的信号。

20．生态系统中最基本和最关键的成分是_____；在某个特定生态系统中，可以缺少的成分是_____。

二、名词解释（英文名词首先翻译成中文，然后给出中文解释）

1．生态系统

2．食物链

3．食物网

4．生物积累

5．生物浓缩

6．生物放大

7．生态平衡

8．生态阈限

9．ecological efficiencies

三、单项选择题

1．从物质循环的观点看，人体中的碳元素究其根源是来自（　　）。

A．非生物界中循环的碳　　　　B．大气中二氧化碳中的碳

C．食物中有机物中的碳　　　　D．燃料中的碳

2．在生态系统的碳循环过程中 CO_2 进入生物群落是通过（　　）。

A．呼吸作用　　B．光合作用　　　C．蒸腾作用　　　D．自由扩散

3．下列不会释放碳进入碳循环中的是（　　）。

A．燃烧　　B．呼吸作用　　C．光合作用　　D．海洋中沉积物的风化

4．生态系统中的碳循环是（　　）。

A．反复循环的　　B．单向运动的　　　C．逐级递减的　　D．逐级递增的

5. 如图所示为某生态系统碳循环过程示意图，甲、乙、丙、丁分别表示生态系统的不同成分，其中甲属于（　　）。

A．生产者　　B．消费者　　C．分解者　　D．非生物的物质和能量

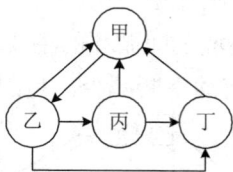

某生态系统碳循环过程示意图

6. 对如图所示食物网的分析，错误的是（　　）。

A．要构成一个完整的生态系统，除了图中所示成分外，还需加入的成分是分解者和非生物环境

B．该食物网共有 4 条食物链

C．在"农作物→鼠→蛇"这条食物链中，若大量捕捉蛇，鼠的数量会先增多后减少

D．该食物网中最长的食物链是：农作物→昆虫→蜘蛛→青蛙→蛇

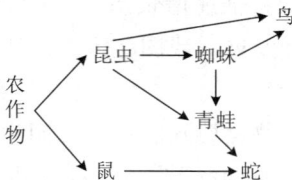

某农田食物网

7. 太阳是太阳系中唯一的恒星，每时每刻向外辐射太阳能。下列关于太阳能的叙述中，错误的是（　　）。

A．煤、石油、天然气等化石燃料中的能量最终来自太阳能

B．生态系统的能量流动是从生产者固定太阳能开始的

C．地球上的水循环是由太阳能推动的

D．太阳能来源于太阳内部的核裂变

8. 下图是有关自然界中碳循环与能量流动的示意图，下列说法错误的是（   ）。

A. 碳循环伴随着能量的流动

B. 碳循环与光合作用和呼吸作用密切相关

C. 碳在生物群落与无机环境之间循环的主要形式是 CO_2

D. 能量在生态系统中的流动不断减少，是因为得不到足够的光照

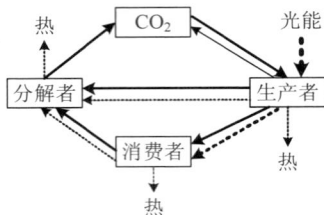

自然界中碳循环与能量流动的示意图

9. 三洋湿地围绕"一环、一带、两片、六区"功能布局打造一座"全能范"的湿地公园，我们把整个三洋湿地公园称为（   ）。

A. 生物群落　　　B. 生物圈　　　C. 生物种群　　　D. 生态系统

10. 2021 年 5 月 11 日 10 时，第七次全国人口普查结果公布，我国人口共 141 178 万人，10 年来继续保持低速增长态势。在全国范围内研究人口数量的变化，有利于实现我国的可持续发展，我国范围内的所有人属于（   ）。

A. 种群　　　　B. 群落　　　　C. 生态系统　　　D. 生物个体

11. 人吃饭、牛吃草、植物需要水肥等，说明生物（   ）。

A. 依赖环境　　　B. 影响环境　　　C. 相互斗争　　　D. 适应环境

12. 生态系统中连接有机物质和无机环境的两个重要环节是（   ）。

A. 生产者和非生物成分　　　　　B. 消费者和有机物质

C. 生产者和消费者　　　　　　　D. 生产者和分解者

13. 在生态系统中腐生微生物和寄生微生物分别属于（   ）。

A. 分解者和生产者　　　　　　　B. 分解者和消费者

C. 生产者和消费者　　　　　　　D. 生产者和分解者

14. "螳螂捕蝉，黄雀在后"中螳螂处于第几营养级？（   ）

A. 第三营养级　　　　　　　　　B. 第四营养级

C. 第一营养级　　　　　　　　　D. 第二营养级

15. 林德曼效率是生态学上著名的"十分之一定律"，是以（　　）为基础研究的。

A. 草原生态系统　　　　　　　B. 荒漠生态系统

C. 湖泊生态系统　　　　　　　D. 森林生态系统

16. $n+1$ 营养级所获得的能量占 n 营养级获得能量之比为（　　）。

A. 消费效率　　　B. 生产效率　　　C. 同化效率　　　D. 林德曼效率

17. 下列说法中正确的是（　　）。

A. 生态系统由自养生物、异养生物、兼养生物组成

B. 生态系统由生产者、消费者、分解者、非生物环境组成

C. 生态系统由植物、食植动物、食肉动物、食腐动物组成

D. 生态系统由动物、植物、微生物组成

18. 下列生物类群中，属于生态系统消费者的类群是（　　）。

A. 哺乳动物　　　B. 高等植物　　　C. 大型真菌　　　D. 蓝绿藻

19. 生态系统三大功能类群不包括（　　）。

A. 分解者　　　B. 非生物环境　　　C. 生产者　　　D. 消费者

20. 在食物链"草→昆虫→蛙→蛇→鹰"中，有（　　）个营养级，第（　　）个营养级能量最多，第（　　）个营养级能量最少，蛙属于第（　　）个营养级，是（　　）级消费者。

A. 5、1、5、3、1　　　　　　　B. 5、5、1、2、3

C. 5、1、5、3、2　　　　　　　D. 4、1、4、2、1

21. 在下列实例中，通过食物链而引起生态危机的是（　　）。

A. 温室效应　　　　　　　　　B. 酸雨

C. 汞等有毒物质的积累　　　　　D. 臭氧减少

22. 生活在一个森林中的所有昆虫组成一个（　　）。

A. 种群　　　B. 群体　　　C. 生态系统　　　D. 以上都不是

23. 下列生物类群中，不属于生态系统生产者的类群是（　　）。

A. 蓝绿藻　　　B. 真菌　　　C. 蕨类植物　　　D. 种子植物

24. 小麦等作物的生长受日照时间长短的影响，它们传递的信息属于（　　）。

A. 物理信息　　　B. 化学信息　　　C. 营养信息　　　D. 行为信息

25. 下列生物类群中，生态系统的分解者是（　　）。

A. 树木　　　B. 蚯蚓　　　C. 鸟类　　　D. 昆虫

26．生态系统中受到捕食压力较大的是（　　）。

A．二级食肉动物　　　　　　　B．一级食肉动物

C．植食动物　　　　　　　　　D．三级食肉动物

27．在某一能量金字塔中，构成金字塔基层的生物可能是（　　）。

A．真菌　　　B．草食性动物　　C．酵母菌　　　D．细菌

28．确定生态系统内消费者营养级的依据是（　　）。

A．消费者的个体　　　　　　　B．消费者的食性

C．消费者的食量大小　　　　　D．消费者的主要食性

29．下列哪种情况生物数量金字塔是倒置的？（　　）

A．几平方米的草地上生活着几只蝗虫

B．一株玉米上生活着几千只蝗虫

C．几十平方千米范围内生活着一只老虎

D．几十平方千米的草原上生活着数十只田鼠

30．没有造成食物链缩短的是（　　）。

A．稻田养鱼　　B．开垦草原　　C．砍伐森林　　D．围湖造田

31．固氮作用的几条途径中最重要的是（　　）。

A．高能固氮　　B．生物固氮　　C．雷电固氮　　D．工业固氮

32．若某一森林的现存量为 324 t/hm^2，年净生产量为 28.6 t/hm^2，则其更新率为（　　）。

A．10.36　　　B．8.42　　　　C．4.35　　　　D．0.088

33．水鸟体内农药 DDT（双对氯苯基三氯乙烷）浓度比水体中的高几万倍，这种现象属于（　　）。

A．生物放大　　B．生物富集　　C．生物积累　　D．以上都不是

34．含氮有机物的转化分解过程不包括（　　）。

A．氨化作用　　B．硝化作用　　C．腐殖化作用　　D．反硝化作用

35．下列物质中属于沉积型循环物质的是（　　）。

A．硫　　　　　B．氮　　　　　C．氟　　　　　D．氧

36．在一个生态系统中不可缺少的生物成分是（　　）。

A．生产者、消费者和分解者　　B．生产者和次级消费者

C．生产者和分解者　　　　　　D．所有消费者

37．各种生态系统的生物量平均而言，绝大多数来自（　　）。

A．动物 B．真菌 C．藻类 D．高等植物

38．物质循环、能量流动和信息传递是生态系统的基本功能，下列说法错误的是（ ）。

A．物质循环是指组成生物体的基本元素在生物群落和无机环境之间的转换

B．能量流动逐级递减的主要原因是每一个营养级都有部分能量未被利用

C．任何一个营养级的能量除被下一营养级同化之外还有其他去向，所以能量流动逐级递减

D．信息传递可以发生在生态系统各种成分之间，而且往往是双向的

39．农田弃耕后的演替，按演替发生的时间为（ ）。

A．世纪演替 B．长期演替

C．快速演替 D．以上都不是

40．下列对于干扰的说法，错误的是（ ）。

A．凡是发生次生演替的地方都会受到干扰的影响

B．干扰是一种有意义的生态学现象

C．干扰造成的群落缺口，在没有继续干扰的条件下可以被逐渐恢复

D．人为对生态系统的干扰频率与外来物种入侵的机会之间没有相关性

41．下列哪项不是城市生态绿地系统的主要功能？（ ）

A．减缓城市热岛效应 B．净化有毒有害气体

C．调节城市碳氮平衡 D．防风固沙，保持水土，增加动物栖息地

四、判断题

1．生态系统就是在一定空间中共同栖居着的所有生物（即生物群落）与其环境之间由于不断地进行物质循环和能量流动过程而形成的统一整体。（ ）

2．食草动物属于一级消费者，第一营养级。（ ）

3．生产者是指能进行光合作用的绿色植物。（ ）

4．生态系统的垂直结构包括不同海拔生境上的垂直分布和生态系统内部不同群落类型的垂直分布。（ ）

5．消费效率用来度量一个营养级位对前一个营养级位的相对采食能力。（ ）

6．在全球陆地生态系统中，氮素总流量的 95% 在"植物—微生物—土壤"系统中进行，只有 5% 在陆地生态系统中与大气圈和水圈之间流动。（ ）

7．生态系统营养级的数目，通常不会超过 14 个，其原因是储存的能量逐级

减少。（　　）

8．一个生态系统遭到严重破坏的主要标志是分解者大量减少。（　　）

9．能够增强生态系统自我调节能力的是生产者、消费者、分解者在数量上保持平衡。（　　）

10．细菌在生态系统中的作用，按其营养功能分，属于分解者。（　　）

11．能量沿着食物链流动时，保留在生态系统内各营养级中的能量变化趋势是越来越少。（　　）

12．某生态系统中初级消费者和次级消费者的总能量分别是 W_1 和 W_2，当 $W_1 < W_2$ 时，生态平衡最有可能遭到破坏。（　　）

13．在生态系统中，碳循环开始于绿色植物固定二氧化碳的光合作用。（　　）

14．生态系统的研究对象包括自然界的全部。（　　）

15．在同一个食物网中，同一种生物不可以占据多个不同的营养级位。（　　）

五、简答题

1．简述生态系统的基本特征。

2．简述在生态系统中各类食物链的特点。

3．简要回答生态平衡失调的概念及标志。

4．简述水体富营养化的危害。

5．简要说明在一般情况下每个较高的营养级上生物量减少的原因。

6．简述生态效率与生态金字塔的概念。

7．能量流动在生态系统中单一方向流动的根据是什么？能量在生态系统中流动的渠道是什么？

8．简述碳、氮、磷、硫的全球循环及其特点。

9．生态系统的信息有何特点？信息传递有哪几种类型？

10．地球上生态系统可分为哪些类型？各自的特点是什么？

11．初级生产、次级生产的概念是什么？简述生态系统中生物生产的意义。

六、论述题

1．论述什么是物质的生物地球化学大循环？生物地球化学大循环有哪些基本类型和特点？

2．什么是生态系统？生态系统包括哪些组成部分？其结构和功能分别是什么？

3．举例说明反馈在生态平衡中的作用，生态系统如何通过反馈维持稳态？

4．阐明生态平衡的概念、特点以及生态学意义。

5．阐明食物链、食物网和营养级的含义。食物链有哪些类型？其在生态系统中有什么意义？

6．生态环境恶化越来越引起人们的关注，请论述森林生态系统对改善生态环境的重要作用。

7．为什么说生产者是生态系统中最基本和最关键的组成部分？

8．2018 年 4 月 18 日，国际著名刊物《美国科学院院刊》（PNAS） 以专辑形式发表了中国科学院战略性先导科技专项"应对气候变化的碳收支认证及相关问题"之"生态系统固碳"项目群 7 篇研究论文。这不仅是中国首次，在亚洲也是首次。其中一篇论文研究证实：在中国碳排放量最大的 2001—2010 年，陆地生态系统年均固碳 2.01 亿 t，相当于 7.37 亿 t 二氧化碳，抵消了同期中国化石燃料碳排放量的 14.1%；其中，森林生态系统贡献了约 80%的固碳量，农田和灌丛生态系统分别贡献了 12%和 8%的固碳量，草地生态系统基本处于碳收支平衡状态。请根据环境生态学知识，谈谈森林生态系统固碳量最大的原因。

9．2021 年 9 月 22 日发布的《中共中央 国务院关于完整准确全面贯彻新发展理念做好碳达峰碳中和工作的意见》指出要"持续巩固提升碳汇能力"。实现的途径主要有两条：一是要巩固生态系统碳汇能力；二是要提升生态系统碳汇增量。请从生态系统角度分析实现这两条途径的具体措施并进行适当的解析。

第五章　环境污染与生态修复

一、填空题

1．植物能黏附和吸收气态污染物。植物黏附污染物的数量取决于植物体表面分泌物面积大小和_____等。

2．_____是叶片吸收污染物的重要部位。氟化物、SO_2 和臭氧能通过其进入植物体。含重金属的降尘和吸着于叶表的污染物可通过角质层的渗透作用进入叶片。

3．水溶态的污染物到达根表面有两条途径：一是_____，即污染物随蒸腾拉力，在植物吸收水分时与水一起到达植物根部；二是扩散途径，即通过扩散到达根表面。

4．污染物之间的相互作用方式有 4 种类型，有相加作用、协同作用、_____和拮抗作用。

5．土壤中的重金属主要以 5 种形态存在，分别是残渣态、水溶态、有机结合态、铁锰结合态和_____。

6．生物对污染物产生耐性的途径包括_____、结合钝化、代谢转化、排出体外和改变代谢途径。

7．环境污染的生态修复的基本方式包括物理修复、化学修复和_____。

8．污染物在环境中的迁移通常有_____、物理化学迁移和机械迁移 3 种方式。

9．生态工程学的核心原理是整体性、_____、再生循环与高效益。

10．Rachel Carson 的著作_____阐述了农药 DDT 对环境的污染。

11．近自然修复强调尊重_____与_____的和谐，重视恢复自然环境原有的多样性。

12．动物吸收污染物的三个主要渠道是_____吸收、_____吸收和皮肤吸收。

二、名词解释（英文名词首先翻译成中文，然后给出中文解释）

1. 污染物

2. 拮抗作用

3. 重金属

4. 耐性

5. 农药污染

6. 生态修复

7. 异质性

8．采矿废弃地

9．effective dose or effective concentration

10．phytoextraction

11．self-design theory

12．microplastics pollution

三、单项选择题

1．污染物到达根表面的主要途径是（　　）。
A．质体流途径　　　B．自由扩散　　　C．被动运输　　　D．胞吞
2．土壤重金属污染的来源包括自然污染源和人类活动，自然污染源有（　　）。
A．汽车尾气　　　B．工业"三废"　C．火山爆发　　　D．农田污泥
3．使生物开始出现受害症状的浓度称为（　　）。
A．最大无作用浓度　B．最小有作用浓度　　C．安全浓度　　D．致死浓度
4．下列与汞中毒机理有关的基团是（　　）。
A．—SH　　　　　B．—OH　　　　　C．—O—　　　　　D．—H
5．根据高等植物对重金属的耐性特点，将植物的耐性分为4种类型。如果植

物对某一种以毒性浓度存在于土壤中的金属耐性能使它有能力对另一种并不存在或并不很高浓度存在于生长环境里的金属产生耐性的称为（　　）。

    A．固有耐性　　　　B．特化耐性　　　C．多金属耐性　　　　D．共存耐性

6．当今对于生态修复最普遍使用的是（　　）。

    A．物理修复　　　　B．化学修复　　　C．生物修复　　　　　D．物理化学修复

7．重金属的毒性机制主要是通过破坏（　　）的性质。

    A．脂肪　　　　　　B．蛋白质　　　　C．糖类　　　　　　D．维生素

8．下列不属于水质监测指标的是（　　）。

    A．BOD_5　　　　　B．COD　　　　　C．$PM_{2.5}$　　　　D．$NH_3\text{-}N$

9．下列不属于表征水体中有机污染程度的指标的是（　　）。

    A．COD　　　　　　B．高锰酸盐指数　C．BOD_5　　　　D．SS

10．水体自净的物理过程不包括（　　）。

    A．稀释　　　　　　B．扩散　　　　　C．沉淀　　　　　　D．氧化

11．污染河流自净过程根据溶解氧与生化需氧量变化不包含（　　）。

    A．污染带　　　　　B．恢复带　　　　C．植物带　　　　　D．清洁带

12．国际标准化组织（ISO）建议高锰酸钾法不用于测定（　　）。

    A．地表水　　　　　B．饮用水　　　　C．生活污水　　　　D．工业废水

13．下列不属于环境质量标准的是（　　）。

    A．《城镇污水处理厂污染物排放标准》（GB 18918—2002）

    B．《土壤环境质量　农用地土壤污染风险管控标准（试行）》（GB 15618—2018）

    C．《地下水质量标准》（GB/T 14848—2017）

    D．《地表水环境质量标准》（GB 3838—2002）

14．《地表水环境质量标准》（GB 3838—2002）中没有（　　）指标。

    A．BOD_5　　　　　B．TN　　　　　　C．SS　　　　　　D．TP

15．《地表水环境质量标准》（GB 3838—2002）中，满足饮用水水源地一级保护区要求的是（　　）类标准。

    A．Ⅱ　　　　　　　B．Ⅲ　　　　　　C．Ⅳ　　　　　　D．Ⅴ

16．《城镇污水处理厂污染物排放标准》（GB 18918—2002）中，排放口在线监测参数不包括（　　）。

    A．pH　　　　　　B．COD　　　　　C．BOD_5　　　　D．水温

17．生态工程设计中常通过加环的方式来完成，下列属于增益环的是（　　）。

A. 凤眼莲净化污水　　　　　　B. 畜禽粪便培养食用菌

C. 棉花田中种植油菜　　　　　D. 玉米芯生产木糖醇

18. （　　）是生态修复的基本理论，也是起源于恢复生态学的理论。

A. 生态位原理　　　　　　　　B. 限制因子原理

C. 演替理论　　　　　　　　　D. 自我设计与人为设计理论

19. 常用的重金属超富集植物蜈蚣草、大叶井口边草主要富集（　　）元素。

A. Pb　　　　　B. Cd　　　　　C. Zn　　　　　D. As

20. 多氯联苯是一类研究较多的有机污染物，其英文缩写为（　　）。

A. PAH　　　　　B. PCB　　　　　C. BTEX　　　　　D. DDT

21. 1953—1961 年，日本九州南部熊本县水俣镇发生了严重的"水俣事件"，主要污染物是（　　）。

A. 砷　　　　　B. 汞　　　　　C. 镉　　　　　D. 铬

22. （　　）不是发生在日本的环境污染事件。

A. 米糠油事件　　　　　　　　B. 痛痛病事件

C. 多诺拉烟雾事件　　　　　　D. 四日哮喘病

23. 与其两侧相邻区域有差异的相对呈狭长形的一种特殊景观类型是（　　）。

A. 斑块　　　　　　　　　　　B. 廊道

C. 基质　　　　　　　　　　　D. 群落交错带（生态过渡带）

24. 下列属于可再生资源的是（　　）。

A. 石油　　　　　B. 土地　　　　　C. 矿产　　　　　D. 天然气

25. 甲基钴胺素是汞生物甲基化的必要条件，它是维生素（　　）的衍生物。

A. B_1　　　　　B. B_2　　　　　C. B_6　　　　　D. B_{12}

26. 森林中的湿地、沙漠中的绿洲属于（　　）斑块。

A. 环境资源　　　　B. 干扰　　　　C. 残余　　　　　D. 引进

27. 植物萃取技术的关键是（　　）。

A. 筛选重金属超积累植物　　　B. 筛选对重金属具有耐性的微生物

C. 筛选有效的土壤重金属活化剂　　D. 筛选有效的土壤重金属钝化剂

28. 在铅、锌尾矿库等治理中常常通过加入含钙物质（如石灰）来改良土壤，保障食品安全，其原理除了对 pH 的影响外主要体现了（　　）。

A. 协同作用　　　　　　　　　B. 相加作用

C. 独立作用　　　　　　　　　D. 拮抗作用

四、判断题

1. 金属离子态要比络合态毒性小，特别是形成金属硫蛋白以后，金属就失去毒性。（ ）

2. 通过基因工程手段提取能够降解多种污染物的降解菌，对于自然界的微生物或高等生物不构成有害的威胁，对环境的适应性较强。（ ）

3. 随着重金属浓度增加，植物叶片外渗液的钾离子浓度增加。（ ）

4. 随着镉浓度增加，植物叶片外渗液的电导率降低。（ ）

5. 农业面源污染的生态修复与控制主要采用源头控制、过程阻断和末端治理。（ ）

五、简答题

1. 简述污染物的性质，生物对污染物的抗性通过哪些途径实现？抗性机制涉及哪几个层次？

2. 简述重金属对环境污染的特点。

3. 简述重金属超累积植物的特点及其筛选标准。

4. 简述污染物在植物体内的迁移方式。

5. 根际环境条件对植物吸收重金属有哪些影响？

6. 简述重金属有哪些特性对生物产生的毒害程度起重要作用。

7. 简述污染物如何影响植物根系对土壤中营养元素的吸收。

8. 简述污染物对植物蒸腾作用的影响。

9. 简述污染物影响植物叶绿素的机制。

六、论述题

1. 论述我国农药污染的特点及农药对生态环境的影响。

2. 论述影响植物吸收、迁移污染物的因素，阐明生物对污染物吸收、富集与污染物对生物毒害的关系。

3. 从分子水平揭示生物为什么会受重金属毒害的内部机制，在什么情况下才会发生毒害？

4. 化学元素之间为什么会出现拮抗关系？哪些因素决定元素之间的拮抗？研究元素之间的拮抗关系的意义何在？

5．在实际农业生产中如何减少植物对土壤中污染物质的吸收？

6．化学农药的长期使用使一些害虫产生了很强的抗药性，同时许多害虫的天敌又被大量杀灭，致使一些害虫十分猖獗。目前，生物防治技术在世界许多国家有了迅速发展，该技术就是利用生态系统中各种生物之间相互依存、相互制约的生态学现象和某些生物学特性，以防治危害农业、仓储、建筑物和人群健康的生物所采取的措施。请根据你掌握的生态工程知识，谈谈在农林业生产过程中该如何对害虫进行生物防治。

7．下图引自某杂志，作者研究了外源砷对两种植物（砷超富集植物蜈蚣草和非砷超富集植物颤叶凤尾蕨）"叶干重"的影响。请仔细读该图，尽可能写出图形所反映出的信息。

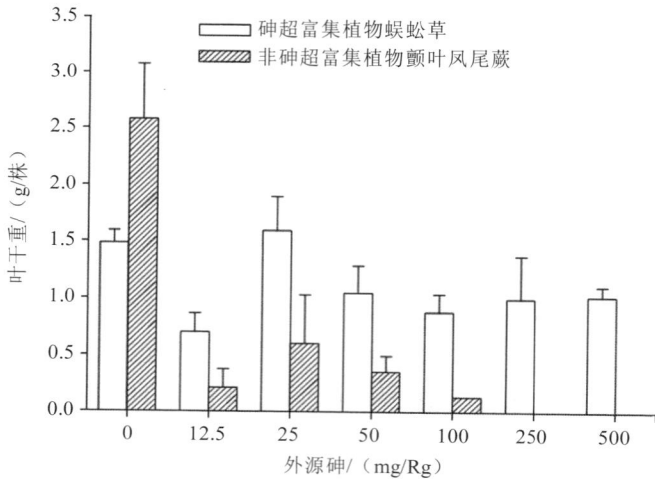

盆栽试验中砷超富集植物和非砷超富集植物对叶干重的影响

8．据报道，南京农业大学农业资源与环境研究所的潘根兴教授早在几年前就发现了种植水稻的土壤中重金属超标的情况，其中稻米对于镉污染的吸收作用明显强于玉米、大豆等其他的作物品种。基因越好的大米，就越容易吸收土壤里的重金属。潘根兴教授称，他们曾针对中国 6 个地区（华东、东北、华中、西南、华南和华北）县级以上市场的 170 多个大米样品进行了随机的采购和科学调查，发现在抽调的这 170 多个大米样品中，有 10%的市售大米存在镉超标的问题。这个研究结果和农业农村部稻米及制品质量监督检验测试中心对全国市场稻米进行安全性抽检结果镉超标率 10.3% 的结论基本一致。稻米中镉超标导致的"镉米"事件频发对人体健康构成了严重的健康威胁，请根据你所掌握的环境生态学知识，谈谈该如何才能减少"镉米"事件的发生。

9. 下图引自某杂志，请仔细读图，尽可能写出图形所反映的信息。

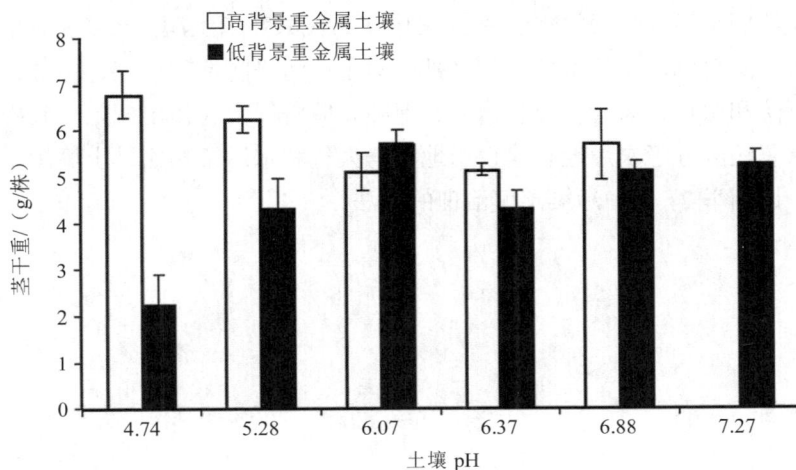

不同 pH 处理下对天蓝遏蓝菜茎干重的影响

10. 修复污染环境的方法有很多，如物理法、化学法和生物法。在生物法中，植物和微生物又是常用的两种生物类群。请以你熟悉的一个污染环境为例，谈谈该如何应用生物法对其进行生态修复。

11. 生态工程是应用生态系统中物种共生和物质循环再生原理，结构与功能协调原则，结合系统分析的最优化方法，设计的促进分层多级利用物质的生产工艺系统。生态工程的目的就是在促进自然界良性循环的前提下，充分发挥物质的生产潜力，防止环境污染，达到经济效益和生态效益同步发展。请根据你所掌握的环境生态学知识，设计一个简单的生态工程，写明工程的目的和具体的设计方案。

12. 我国自古以农立国，积累了许多高产稳产的经验。珠江三角洲的"桑基鱼塘"早就享有盛誉。这里所说的"基"指的是田埂，在基上栽桑称"桑基"；"塘"就是池塘。它的建立和发展符合生态工程学原理，被认为是生态农业的雏形。它形成了"桑茂、蚕壮、鱼肥；鱼肥、泥好、桑茂"的良性局面，获得了较好的效益。请根据你掌握的环境生态学知识，谈谈"桑基鱼塘"所蕴含的生态工程学原理。

13．2018 年 8 月 31 日，十三届全国人大常委会第五次会议表决通过了《中华人民共和国土壤污染防治法》，于 2019 年 1 月 1 日起施行。这是我国首次制定专门的法律来规范防治土壤污染，是继《中华人民共和国水污染防治法》《中华人民共和国大气污染防治法》之后，土壤污染防治领域的专门性法律，填补了环境保护领域特别是污染防治的立法空白。《中华人民共和国土壤污染防治法》共七章九十九条，除总则、法律责任、附则外，对土壤污染防治的规划、标准、普查和监测、预防和保护、风险管控和修复、保障和监督等内容作出规定。其中，风险管控和修复还区分了农用地和建设用地。与大气和水污染相比，土壤污染的特点有哪些？请列举 2～3 种污染土壤治理的方法。

第六章　生态破坏与生物的生态关系

一、填空题

1. 根据生态系统中主要生态因子遭受破坏的状况，可以将生态破坏分为植被破坏、土壤退化和_____。

2. 中国科学院南京土壤研究所借鉴了国外土壤退化的分类，结合我国的实际，采用了二级分类，一级类型包括_____、_____、_____、_____、_____和耕地的非农业占用等 6 类。

3. 将被干扰和破坏的生境恢复到使原来能够定居的物种能够重新定居，或者是与原物种相似的物种能够定居称为_____。

4. 干扰的_____、_____、_____在很大程度上决定着生态系统退化的方向和尺度。

二、名词解释（英文名词首先翻译成中文，然后给出中文解释）

1. 生态破坏

2. 生物入侵

3. 土壤退化

4．生态恢复

5．生态重建

6．restoration

7．reconstruction

8．内源干扰

9．degraded ecosystem

三、单项选择题

1．下列属于人为因素生态破坏的是（　　）。

A．洪水　　　　B．围湖围海　　C．泥石流　　　　D．火山爆发

2．草地退化是指草原生态系统在不合理人为因素干扰下进行（　　），植物生产力下降、质量降级和土壤退化，动物产品质量和产量下降等现象。

A．原生演替　　B．次生演替　　C．进展演替　　　　D．逆行演替

3．动植物的代谢排泄及残体经过微生物分解后，向大气中释放碳，植被又成为（　　）。

　　A．碳汇　　　　　B．碳源　　　　　C．碳达峰　　　　D．碳中和

4．对大气环境起自净作用的物质是（　　）。

　　A．氧气　　　　　B．臭氧　　　　　C．一氧化碳　　　D．二氧化碳

5．土壤退化是指土壤肥力衰减导致生产力下降的过程，也是土壤环境和土壤理化性状恶化的综合表征，（　　）可以作为主要标志物。

　　A．钾元素含量下降　　　　　　　B．磷元素含量下降

　　C．有机质含量下降　　　　　　　D．氮元素含量下降

6．国内外学者对恢复生态学及生态恢复定义不包括（　　）。

　　A．强调恢复到干扰前的理想状态　　B．强调其应用生态学过程

　　C．生态整合性恢复　　　　　　　D．生态学恢复设计

四、简答题

1．简述生态恢复与重建的原则和过程。

2．简述生态破坏的主要类型。

3．简述退化土壤和退化水域生态修复的主要方法与步骤。

五、论述题

1．举例说明植被破坏和土壤破坏的生态影响。

2．你周围的生活环境中有哪些生态破坏现象？原因是什么？造成了何种危害？

3．人类对生态系统干扰的形式和途径很多，它们产生的效应和表现形式也多种多样。试述人类对生态系统干扰的主要方式，以及每一种方式可能带来的生态影响。

第七章 全球变化及其对生物的影响

一、填空题

1. 造成温室效应的主要大气成分是_____，它的循环也是物质循环中最普遍的。

2. 酸雨是指 pH 小于_____的降水、雨、雪等。

3. 酸性的污染物有两种沉降方式，分别是_____和_____。

4. 大气与地表系统的传输过程包括辐射_____、_____和_____过程。

二、名词解释

1. 温室效应

2. 酸雨

三、单项选择题

1. 大气温度升高会使得物候（　　）。

A. 提前　　　　　B. 不变　　　　　C. 延后　　　　　D. 无影响

2. 对全球变暖的环境响应，表达正确的是（　　）。

A. 北半球热带地区降水减少；海平面上升

B. 灾害性天气频繁；中国自然带北移

C. 洋流发生变化；大多数动物栖息地发生根本性改变

D．北欧影响最大；北半球亚热带地区降水增多

3．在节能减排中，民众可参与的有利于抑制全球变暖的行动是（   ）。

A．充分利用太阳能；尽量使用公共交通工具

B．采用节水举措；开发利用无污染能源

C．多种水稻；充分利用风能

D．维持能源消费构造现状；自备购物篮

4．气候变化与异常直接影响人类的生产和生活。引起全球气候变化与异常的原因不可能是（   ）。

A．太阳黑子增多   B．地球自转线速度的纬度差别

C．大气环流的多年变化   D．人类活动强度的增大

四、简答题

酸雨对土壤生态系统产生什么影响？

五、论述题

1．论述温室效应的概念和温室效应的直接后果。

2．论述 UV-B 辐射增强对植物、动物和微生物的直接影响。

第八章　生物多样性与生物安全

一、填空题

1. 生物多样性及其构成的生态系统对人类生存和发展具有不可替代的作用，这种作用又被称为＿＿＿＿＿＿，主要体现在两个方面：一是作为资源而体现出来的产品服务；二是作为环境维持所体现出来的生态价值。

2. 生物多样性包括遗传多样性、物种多样性、＿＿＿＿＿＿＿和＿＿＿＿＿＿＿。

3. 地球是一个生命整体，它和任何有机体一样具有形态特征和生理规律的理论称为＿＿＿＿＿＿＿。

4. 生物多样性保护的原则有：＿＿＿＿＿＿＿＿＿＿和最小有效种群原则。

5. 一般来说，生物安全主要强调包括以下3个方面：＿＿＿＿＿、生态安全、转基因生物。

6. 在生物多样性的4个层次中，＿＿＿＿＿多样性是基础。

7. 生物多样性可定义为生物的＿＿＿和＿＿＿以及生境的生态复杂性。

二、名词解释（英文名词首先翻译成中文，然后给出中文解释）

1. 生物多样性

2. 物种多样性

3．遗传多样性

4．生态系统多样性

5．生物安全

6．生物入侵

7．genetically modified organisms，GMO

三、单项选择题

1．以下生物安全实验室级别中，（　　）等级的生物安全防护最低。

A．BSL-1　　　　B．BSL-2　　　　　　C．BSL-3　　　　　D．BSL-4

2．（　　）是 BSL-1 实验室不需要配备的。

A．足够的电力供应

B．洗手池（宜设置在靠近实验室的出口处）

C．若操作刺激或腐蚀性物质，应在 30 m 内设洗眼装置，必要时应设紧急喷淋装置

D．在操作病原微生物样本的实验间内配备生物安全柜

3．根据危害程度将病原微生物分为四类，危险程度最高的是（　　）。

A．第一类   B．第二类   C．第三类   D．第四类

4．生物安全柜开机后，需平衡（   ）后可供使用。

A．5 min   B．10 min   C．20 min   D．30 min

5．唐代黄巢的咏菊名句"待到秋来九月八，我花开后百花杀……"一直流传至今。菊花品种繁多，有玉翎管、瑶台玉凤、雪海、羞女、仙灵芝、天鹅舞、墨菊、绿水秋波、冷艳等1 000多个品种，这体现了（   ）。

A．遗传多样性   B．生态系统多样性

C．物种多样性   D．植物种类多样性

6．下列关于生物多样性的说法，错误的是（   ）。

A．保护生物多样性并不意味着禁止开发和利用

B．建立自然保护区是保护生物多样性最为有效的措施

C．生态系统的多样性受到影响，生物种类的多样性和基因的多样性也会受到影响

D．为了丰富我国的动植物资源，应大力引进一些外来物种

7．环境污染、过度采伐等会导致地球生物多样性锐减，保护生物多样性刻不容缓，下列说法不正确的是（   ）。

A．生物多样性是指生物种类的多样性

B．生物种类的多样性实质上是基因的多样性

C．建立自然保护区是保护生物多样性最有效的措施

D．生物的种类越丰富，生态系统越稳定

8．生态系统能够提供保护土壤肥力、净化环境、维持大气化学平衡与稳定等服务。这种服务价值属于（   ）。

A．直接使用价值   B．间接使用价值

C．选择价值   D．存在价值

9．进行物种保护可以通过建立自然保护区，其设计要考虑的首要因素是（   ）。

A．形状   B．隔离

C．面积   D．干扰状况

10．旅游观光和科学文化价值属于生态系统服务价值的（   ）。

A．间接使用价值   B．直接使用价值

C．存在价值   D．潜在使用价值

四、简答题

1. 简述生物多样性在农业中的应用。
2. 简述生物多样性的价值。
3. 简述生物多样性丧失的原因。
4. 简述生物入侵的危害性。

五、论述题

1. 论述转基因生物的类型，转基因生物有哪些环境行为？怎样对转基因生物进行安全管理？

2. 请根据下面几则材料，阐述生物多样性及其保护的重要意义，并论述生物多样性保护的可行策略。

材料 1：习近平主席在 2020 年 9 月 30 日召开的联合国生物多样性峰会上发表视频讲话时提到，中国将于 2021 年 5 月在云南省昆明市举办《生物多样性公约》第十五次缔约方大会。

材料 2：据报道，建在云南省的中国西南野生生物种质资源库已收集 3 万多种植物以及丰富的动物种质资源，是中国第一座国家级野生生物种质资源库，也是目前亚洲最大、世界第二大的野生植物种质库。

材料 3：在云南省占全国 4.1%的国土面积上生活着超过全国 50%的生物物种数，素有"植物王国"的美誉。

材料 4：云南省从气候带角度看，只包括热带北缘和亚热带两个气候带，但却拥有从热带雨林到亚热带常绿阔叶林—温带落叶阔叶林与草原—寒温带针叶林—寒带苔原的几乎全部生态系统类型。

材料 5：新华社昆明 2020 年 3 月 20 日电（记者王研）　20 日，昆明市中级人民法院对社会高度关注的"云南绿孔雀"公益诉讼案作出了一审判决。原告主要诉由为：建设方工程蓄水淹没国家一级保护动物、濒危物种绿孔雀的栖息地，可能导致该区域绿孔雀灭绝。

第九章　环境生态与生态环境管理

一、填空题

1．美国国家环境保护局 Hirsch 认为生态监测是对_____的变化及其原因的监测，主要监测内容是人类活动对自然生态系统结构和功能的影响及改变。

2．生态监测的特点有综合性、＿＿＿＿、多功能性、敏感性以及＿＿＿＿。

3．生态监测的方法包括生物个体、种群、群落和＿＿＿＿层次的生态监测。

4．生物或处于同一营养级的许多生物种群，从周围环境中吸收并积累某种元素或难分解的化合物，导致生物体内该物质的浓度超过环境中浓度的现象称为＿＿＿＿。

5．环境污染物一般毒性评价采用体内试验方法，根据时间长短或次数可以分为长期和终生毒性试验、＿＿＿＿＿＿、＿＿＿＿＿＿以及急性试验。

6．生态环境管理的特点具有综合性、＿＿＿＿、广泛性。

7．生态环境管理按范围划分可分为＿＿＿＿、＿＿＿＿＿＿＿、＿＿＿＿＿＿＿。

8．＿＿＿＿是生态环境管理中生态环境部门最常用的手段。

9．生态环境管理的方法有＿＿＿＿、决策和系统分析。

10．生态环境管理的内容从管理性质划分可分为生态环境计划指导性管理、生态环境技术管理和＿＿＿＿＿＿＿三个方面。生态环境管理方式的主要目的是维持生态系统功能的可持续性，以避免＿＿＿＿对环境的破坏。

11．生态环境变化是一个自然过程，也是一个＿＿＿＿过程。在"人类—生态—环境"系统中，人类的发展活动是主要方面，维护着生态环境质量、保证经济、社会可持续发展的顺利进行。

12．传统的思想认为生态系统在本质上是平衡的，或至少是一种动态的平衡系统，新思想认为生态系统是动态的、＿＿＿＿、可以以任何的稳定方式存在，其内部的控制机制使得生态系统对外部条件的变化进行＿＿＿＿，最终形成一个新的稳定状态，并会保持一段时间。

二、**名词解释**（英文名词首先翻译成中文，然后给出中文解释）

1．生态监测

2．生物监测

3．环境监测

4．生态评价

5．安全浓度

6．蓄积作用

7．LD_{50}（LC_{50}）

8．ecological risk assessment

9．生态环境管理

10．生态规划

11．生态承载力

12．ecological footprint

13．生态适宜度

14．circular economy

三、单项选择题

1．环境质量标准和污染物排放标准具有（　　）。

A．强制性　　　B．推荐性　　　C．指导性　　　D．随意性

2．《地表水环境质量标准》（GB 3838—2002）将地表水环境功能分为5类，适用于源头水、国家自然保护区的属于（　　）水体。

A．Ⅰ类　　　B．Ⅱ类　　　C．Ⅲ类　　　D．Ⅳ类

3．对于某污水处理厂的排放口进行的监测属于（　　）。

A．监视性监测　　B．特定目的监测　　C．研究性监测　　D．科研监测

4．环境监测包括物理监测、化学监测、生物监测和（　　）。

A．危险性检测　　B．毒理检测　　C．毒性检测　　　D．生态监测

5．环境本底值的监测及研究属于环境监测中的（　　）。

A．研究性监测　　B．监视性监测　　C．咨询服务监测　D．仲裁监测

6．下列水质监测项目应现场测定的是（　　）。

A．COD　　　B．挥发酚　　　C．六价铬　　　D．pH

7．测定某化工厂的汞含量，其取样点应是（　　）。

A．工厂总排污口　　　　　　B．车间排污口

C．简易汞回收装置排污口　　D．取样方便的地方

8．人能听到的声音频率范围是（　　）Hz。

A．$20\sim10\,000$　　B．$10\,000\sim20\,000$　　　C．$20\sim20\,000$　　　D．$1\,000\sim3\,000$

9．测定大气中NO_2时，需要在现场同时测定气温和气压，其目的是（　　）。

A．了解气象因素　　　　　　B．换算标况体积

C．判断污染水平　　　　　　D．以上都对

10．按照水质分析的要求，当采集水样测定金属和无机物时，应该选择（　　）容器。

A．聚乙烯瓶　　　　　　　　B．普通玻璃瓶

C．棕色玻璃瓶　　　　　　　D．不锈钢瓶

11．大气采样点的周围应开阔，采样口水平线与周围建筑物高度的夹角应是（　　）。

A．不大于45°　　　B．45°　　　C．不大于30°　　　D．30°

12．底质中含有大量水分，必须用适当的方法除去，下列几种方法中不可行的是（　　）。

A．在阴凉、通风处自然风干　　B．离心分离

C．真空冷冻干燥　　　　　　　D．高温烘干

13. 铬的毒性与其存在的状态有极大的关系，（   ）铬具有强烈的毒性。

A. 二价　　　　　B. 三价　　　　　C. 六价　　　　　D. 零价

14. 测定 BOD_5 时，稀释水的 BOD_5 不应超过（   ）mg/L。

A. 1　　　　　　B. 2　　　　　　C. 0.2　　　　　D. 0.5

15. 采用气相色谱法定量时，不必加定量校正因子的方法是（   ）。

A. 归一化法　　B. 内标法　　　C. 外标法　　　D. 校正面积归一法

16. 开展生态监测的基础和前提条件是（   ）。

A. 生物对污染物的富集能力　　　B. 生命与环境的统一性和协同进化

C. 生物适应的相对性　　　　　　D. 生命具有共同特征

17. 下列不属于特殊毒性评价的方法或现象的是（   ）。

A. 细菌回复突变试验　　　　　　B. 工业黑化现象

C. 微核（试验）　　　　　　　　D. 染色体畸变分析法

18. 能使生物体开始出现毒性反应的最低剂量称为（   ）。

A. 安全浓度　　　　　　　　　　B. 最大无作用浓度

C. 最小有作用浓度　　　　　　　D. 效应浓度

19. 生态环境管理与规划产生的根源在于（   ）。

A. 环境污染与自然资源破坏问题　B. 环境污染

C. 生态破坏　　　　　　　　　　D. 自然资源短缺

20. 环境管理思想与方法演变大致经历了 3 个阶段，其中第 3 个阶段的管理手段是（   ）。

A. 经济刺激　　　　　　　　　　B. 污染治理

C. 环境评价　　　　　　　　　　D. 加强全面环境管理，以管促治

21. 生态环境管理是保护和改善生态环境质量、平衡（   ）之间的相互关系的重要途径，通过生态环境管理，实现经济、社会和生态环境的协调可持续发展。

A. 社会发展和经济发展　　　　　B. 经济发展和生态平衡

C. 生态破坏与自然资源　　　　　D. 社会发展和生态平衡

22. 环境管理的基本任务是转变人类社会的一系列基本观念和调整人类社会的（   ），以求维护生态环境质量。

A. 状态　　　　B. 思想　　　　C. 生活方式　　　　D. 行为

23. 在环境管理手段中，行政干预手段具有（   ）。

A. 强制性　　　B. 权威性　　　C. 规范性　　　　D. A、B 和 C

24．环境管理思想与方法演变大致经历了 3 个阶段，其中第 2 个阶段提出的管理方式是（　　）。

A．经济刺激　　　　　　　　B．制定环境管理标准

C．制定环境保护 32 字方针　　D．以管促治

25．制定环境质量标准的首要原则是（　　）。

A．考虑环境效益　　　　　　B．保障人体健康

C．保障经济发展　　　　　　D．保障可持续发展

26．下列属于生态环境管理特点的是（　　）。

A．强制性、综合性、区域性　B．综合性、广泛性、区域性

C．规范性、强制性、综合性　D．权威性、综合性、广泛性

27．公众参与生态环境管理与规划，由公众来确定他们想要的情形或共同的社会愿景，以公众的价值取向来确定生态环境特征，以地区为主进行管理，体现了生态环境管理的（　　）特征。

A．强制性　　B．综合性　　C．广泛性　　D．权威性

28．在生态系统中，影响系统组成、结构、功能和过程的因素很多，但往往处于临界量的因子对系统功能发挥最大的影响。体现生态学一般规律中（　　）原则。

A．最小因子　B．反馈平衡　C．环境资源有限性　D．循环再生

29．下列不是按环境与经济的辩证关系划分的环境规划类型是（　　）。

A．经济制约型　B．协调型　C．环境制约型　D．自然保护规划

30．环境在自然力作用下消纳污染和产生出自然资源的总过程称为（　　）。

A．物质生产　B．自然净化　C．环境生产　D．资源再生

31．俄罗斯环境规划的突出特点是（　　）。

A．保护人体健康重于经济发展

B．环境规划中的防治重点突出

C．属于协调型环境规划

D．将"标准"作为基本的规划目标和规划手段

32．下列不是按性质划分的环境规划类型是（　　）。

A．环境制约型规划　　　　　B．生态规划

C．污染综合防治规划　　　　D．自然保护规划

33．下列不属于日本环境规划特点的是（　　）。

A．保护人体健康重于经济发展

B．环境规划中的防治重点突出

C．属于协调型环境规划

D．将"标准"作为基本的规划目标和规划手段

34．生态系统服务的最基本功能是（　　）。

A．有机质的生产与生态系统产品　　B．生物多样性的产生与维持

C．净化环境　　　　　　　　　　　D．调节气候，减缓灾害

35．下列不属于废物资源化管理"5R"法的是（　　）。

A．抵制（reject）　　　　　　　　B．减少（reduce）

C．回收（recycle）　　　　　　　　D．再造（re-creation）

四、简答题

1．简述生态监测指标体系遵循的原则。

2．简述生态评价的目标、原则和任务。

3．生态评价的指标体系和基本方法有哪些？

4．简述为什么生态监测是研究环境生态学内容的必然趋势之一。

5．简述生态环境管理方式的主要理论。

6．简述生态环境管理的程序。

7．简述生态规划的程序。

8．简述生态系统承载力应具备哪三方面的能力。

五、论述题

1．论述生态监测的概念、理论依据及生态监测的方法。

2．论述生态规划的概念、目标与原则、生态规划有什么意义。

3．论述生态环境管理概念、主要内容和生态环境管理有什么意义。

4．论述生态文明理念的基本内涵。

5．2018 年 5 月 18—19 日，第八次全国生态环境保护大会在北京召开。这是党的十八大以来，首次在全国层面召开的、以生态环境保护为主题的大会。会上提出了建设美丽中国的两个阶段性目标：一是到 2035 年，生态环境质量实现根本好转，美丽中国目标基本实现；二是到 21 世纪中叶，物质文明、政治文明、精神文明、社会文明、生态文明全面提升，绿色发展方式和生活方式全面形成，人与

自然和谐共生，生态环境领域国家治理体系和治理能力现代化全面实现，建成美丽中国。请你分别举例说明应该如何践行"绿色发展方式和生活方式"。

6. 党的十九大报告明确指出："建设生态文明是中华民族永续发展的千年大计。必须树立和践行绿水青山就是金山银山的理念，坚持节约资源和保护环境的基本国策，像对待生命一样对待生态环境，统筹山水林田湖草系统治理，实行最严格的生态环境保护制度，形成绿色发展方式和生活方式，坚定走生产发展、生活富裕、生态良好的文明发展道路，建设美丽中国，为人民创造良好生产生活环境，为全球生态安全做出贡献"。请根据你所掌握的环境生态学知识，谈谈该如何认识"绿水青山就是金山银山"？

7. 在党的十八届五中全会上，习近平总书记提出创新、协调、绿色、开放、共享"五大发展理念"，将绿色发展作为关系我国发展全局的一个重要理念，作为"十三五"乃至更长时期我国经济社会发展的一个基本理念，体现了我们党对经济社会发展规律认识的深化，将指引我们更好实现人民富裕、国家富强、中国美丽、人与自然和谐，实现中华民族永续发展。党的十九大党章修正案在总纲部分，增写了坚持"五大发展理念"的内容。结合你掌握的环境生态学知识，你认为我国现阶段坚持绿色发展的重要意义和实施途径有哪些？

第十章 环境生态与生态文明

一、填空题

1. 著作《_____》中提出了"生态文明"这一概念，呼吁创造生态文明来取代工业文明。

2. 可持续发展的四个原则是_____、_____、_____和_____。

3. _____是生态文明的本质核心。

4. 生态文明建设主要包括生态空间和_____、_____、_____、_____与_____五大体系。

二、名词解释（英文名词首先翻译成中文，然后给出中文解释）

1. 生态文明

2. sustainable development

三、单项选择题

1. 20世纪后半期，人们逐渐意识到环境污染所带来的严重危害，并开始对人类的发展方式进行反思，与之相伴的便是相关著作和论述的不断出现，（ ）被称为人类首次关注环境问题的标志性著作。

A.《寂静的春天》　　　　　　B.《增长的极限》

C.《只有一个地球》　　　　　　D.《我们共同的未来》

2．首次提出"可持续发展"的理念的是（　　）。

A.《我们共同的未来》　　　　　B.《寂静的春天》

C.《增长的极限》　　　　　　　D.《21世纪议程》

3．建设生态文明，是关系人民福祉、关乎民族未来的长远大计。面对资源约束趋紧、环境污染严重、生态系统退化的严峻形势，必须树立尊重自然、顺应自然、保护自然的生态文明理念，把生态文明建设放在突出地位，融入经济建设、政治建设、文化建设、社会建设各方面和全过程，努力建设美丽中国，实现中华民族永续发展。以上论述出自（　　）。

A．党的十五大报告　　　　　　B．党的十六大报告

C．党的十七大报告　　　　　　D．党的十八大报告

四、简答题

1．从自然观、价值观、生产方式及生活方式解释生态文明的概念。

2．生态文明与可持续发展之间有何关系？

3．环境生态学与生态文明之间存在什么关系？

4．生态文明思想的核心内容是什么？

五、论述题

据你所知我国生态文明建设取得了哪些成就？

期末测试真题（一）

一、单项选择题（每小题只有一个正确答案，每小题 2 分，共 20 分）

1. 联合国环境规划署（UNEP）公布的 2023 年世界环境日的主题是（　　）。

A．One Earth，One Family　　　　B．Ecosystem Restoration

C．Beat Air Pollution　　　　　　D．Beat Plastic Pollution

2. 现代生态学发展阶段，（　　）成为学科研究的重点对象。

A．个体　　　　B．种群　　　　C．群落　　　　D．生态系统

3. 沙漠中啮齿动物常常采取夏眠、穴居和昼伏夜出的对策来适应高温环境，这种适应称为（　　）。

A．行为适应　　B．生理适应　　C．结构适应　　D．形态适应

4. 下列属于协同进化的是（　　）。

A．天敌被大量捕杀后，雷鸟种群因球虫病大量死亡

B．植物生长中有毒化合物的产生，食草动物体内形成特殊的酶进行解毒

C．真菌菌丝穿入松树根部，为植物提供氮元素和矿物质，松树为真菌提供碳水化合物等有机物

D．大豆被动物啃食后，能通过增加种子粒重来补偿豆荚的损失

5. 种群世代有重叠的指数增长模型中，当满足（　　）时，种群是稳定的。

A．$r=0$　　B．$r>0$　　C．$r=1$　　D．$0<r<1$

6. 已知物种 1 和物种 2 是两个竞争的种群，物种 2 对物种 1 和物种 1 对物种 2 的竞争系数分别为 α 和 β，环境容量分别为 K_1 和 K_2。根据 Lotka-Volterra 竞争模型，当两个物种都有可能获胜时，应满足的关系是（　　）。

A．$\alpha>\dfrac{K_1}{K_2}$ 和 $\beta>\dfrac{K_2}{K_1}$　　　　　　B．$\alpha>\dfrac{K_1}{K_2}$ 和 $\beta<\dfrac{K_2}{K_1}$

C．$\alpha<\dfrac{K_1}{K_2}$ 和 $\beta<\dfrac{K_2}{K_1}$　　　　　　D．$\alpha<\dfrac{K_1}{K_2}$ 和 $\beta>\dfrac{K_2}{K_1}$

7. 在生物多样性的 4 个层次中，（　　）多样性是基础。

A. 物种　　　　　B. 遗传　　　　　C. 生态系统　　　D. 景观

8. 样地内某一物种的个体数占全部物种个体数的百分比称为（　　）。

A. 绝对密度　　　B. 相对密度　　　C. 密度比　　　　D. 综合优势比

9. 如果一个人的食物有 1/2 来自绿色植物，1/4 来自小型肉食性动物，1/4 来自羊肉，假如能量流动效率为 10%，那么该人每增加 1kg 体重，约需消耗植物（　　）kg。

A. 10　　　　　　B. 28　　　　　　C. 100　　　　　D. 280

10. 下列有关生态系统的叙述，错误的是（　　）。

A. 生态系统的组成成分中含有非生物成分

B. 生态系统相对稳定时无能量输入和散失

C. 生态系统维持相对稳定离不开信息传递

D. 负反馈调节有利于生态系统保持相对稳定

二、填空题（每空 1 分，共 15 分）

1. 地球环境是指大气圈、水圈、岩石圈、土壤圈和_____。

2. 有一类植物只要其他条件合适，在任何日照条件下都能开花，这类植物称为_____植物。

3. 水生植物可通过发达的_____组织、退化的_____组织以及带状、线状的叶片来适应水环境。

4. 盐土所含的盐类主要为_____和_____。

5. 大马哈鱼生活在海洋中，生殖季节要洄游到淡水河流中产卵；而鳗鲡则在淡水中生活，要洄游到海洋中去生殖。该例子说明环境因子作用的_____性。

6. 某动物种群中，AA、Aa 和 aa 的基因型频率分别为 30%、40% 和 30%，则该种群中 a 基因的频率是_____。

7. 种群在有限环境中逻辑斯谛增长方程的微分式为_____。

8. 从种间关系看，附生植物与被附生植物之间是一种典型的_____共生。

9. 假定某群落只有甲和乙两个物种，每个物种的个体数各为 50，则该群落的香农-威纳指数（Shannon-Weiner index）为_____。

10. _____是指物种表型在特定的生境中产生的变异群，_____是描述不同种类的生物对相似环境的趋同适应。

11．关于物种在生态系统中所起的作用，目前较为公认的有两种假说，即_____假说和_____假说。

三、名词解释（每小题 3 分，共 15 分，英文名词翻译正确得 1 分）

1．law of effective accumulative temperature

2．gaia hypothesis

3．ecological invasion

4．生态位

5．分解者

四、简答题（每小题 8 分，共 32 分）

1．简述二氧化碳的生态作用。
2．简述种群增长模型中逻辑斯谛方程的重要意义。
3．简述生物群落的基本特征。
4．简述生态系统中能量流动的主要特点。

五、论述题（3 小题，共 18 分）

请认真阅读下列 3 则材料，然后回答问题：

材料 1：地处甘肃、青海交界的祁连山是黑河、石羊河和疏勒河三大水系 56 条内陆河的主要水源涵养地和集水区，它在维护中国西部生态安全方面有着举足轻重和不可替代的地位，是西北地区重要的生态安全屏障，被誉为河西走廊"生命线"和"母亲山"。

材料 2：2017 年 1 月，一篇《两位生态学博导四问祁连山生态保护》的文章被广泛转载。该文作者为中国科学院西北生态环境资源研究院副院长冯起与甘肃省祁连山水源涵养林研究院院长刘贤德。两位生态专家在文中称，祁连山的生态破坏开始于 20 世纪 60 年代末 70 年代初，初期以森林砍伐、盗伐为主，当年有"吃得苦中苦，为了两万五"（每年要完成 2.5 万 m^3 的森林采伐任务）的说法；20 世纪 80 年代以矿山开采为主；90 年代后以小水电开发为主。甘肃省相关政府部门提供的资料显示，在 20 世纪 90 年代到 21 世纪初，祁连山保护区范围内仅肃南县就有 532 家大小矿山企业，在张掖境内的干支流上先后建成了 46 座水电站。

材料 3：2017 年 2 月 12 日至 3 月 3 日，由党中央、国务院有关部门组成中央督察组就祁连山生态破坏事件开展专项督查。7 月，《中共中央就祁连山生态破坏调查处理结果通报》发布，对负有主要领导责任的 8 名责任人进行严肃问责，强调必须自觉践行习近平总书记强调的"绿水青山就是金山银山"理念。

1. 你认为材料 2 中"吃得苦中苦，为了两万五"产生的根源是什么？（4 分）

2. 森林资源过度砍伐、盗伐会产生哪些生态后果？你认为应该如何合理砍伐和利用森林资源？（6 分）

3. 如何理解材料 3 中习近平总书记强调的"绿水青山就是金山银山"理念？（8 分）

期末测试真题（二）

一、单项选择题（每小题只有一个正确答案，每小题 2 分，共 20 分）

1. 联合国《生物多样性公约》秘书处发布的 2019 年世界生物多样性日的主题是（　　）。

A．Beat air pollution

B．Our earth，our habitat，our home

C．Biodiversity：food，water and health for all

D．Our biodiversity，our food，our health

2. 生物群落的概念最早是由（　　）提出的。

A．E. Haeckel　　　B．A. G. Tansley　　C．E. P. Odum　　D．K. Mobius

3. 新疆的葡萄、哈密瓜等水果比较甜，其主要原因是（　　）。

A．干旱缺水　　　B．光周期现象　　　C．温周期现象　　　D．化肥用量少

4. 有一种动物，相对其他地区的同属物种，体型较大，四肢和尾巴较短，耳朵较小。这种动物最有可能来自（　　）生态系统。

A．热带雨林　　　B．北温带沙漠　　　C．热带草原　　　D．冻原

5. 我国钓鱼岛海域盛产飞花鱼，如果该海域飞花鱼的环境容量是 15 000 t，且飞花鱼种群的瞬时增长率为 0.04 t/年，用逻辑斯谛模型估算该海域要持续获得最大收益，每年收获的飞花鱼最多不应超过（　　）t。

A．7 500　　　　　B．600　　　　　　C．300　　　　　　D．150

6. 已知物种 1 和物种 2 是两个竞争的种群，物种 2 对物种 1 和物种 1 对物种 2 的竞争系数分别为 α 和 β，环境容量分别为 K_1 和 K_2。根据 Lotka-Volterra 竞争模型，当两个种共存、达到某种平衡时，应满足的关系是（　　）。

A．$\alpha > \dfrac{K_1}{K_2}$ 和 $\beta > \dfrac{K_2}{K_1}$　　　　　　　　B．$\alpha > \dfrac{K_1}{K_2}$ 和 $\beta < \dfrac{K_2}{K_1}$

C.　$\alpha<\dfrac{K_1}{K_2}$ 和 $\beta<\dfrac{K_2}{K_1}$　　　　　D.　$\alpha<\dfrac{K_1}{K_2}$ 和 $\beta>\dfrac{K_2}{K_1}$

7. 乔木树种的生活型为（　　）。

A. 高位芽植物　　B. 地上芽植物　　C. 地面芽植物　　D. 地下芽植物

8. 假定某群落有甲、乙、丙 3 个物种，每个物种的个体数分别为 40、20 和 40，则该群落的辛普森数（Simpson's diversity index）为（　　）。

A. 0.36　　B. 0.50　　C. 0.64　　D. 0.78

9. 自 20 世纪 70 年代末多氯联苯（PCB，一种有机氯污染物）生产的禁令颁布以来，许多种群鱼类体内的 PCB 浓度有所下降，但是 PCB 仍然存在潜在隐患，因为它是亲脂类性物质并被证实有生物富集效应。基于这些认识，人类食用（　　）是最安全的。

A. 生长缓慢的鱼类

B. 食鱼的鱼类（它食用其他鱼类）

C. 深水鱼类（它食用湖底的无脊椎动物）

D. 小（幼）鱼

10. 在一个生态系统中，不可缺少的生物成分是（　　）。

A. 生产者、消费者、分解者　　　　　B. 各级消费者

C. 生产者、分解者　　　　　　　　　D. 生产者、初级消费者

二、填空题（每空 1 分，共 15 分）

1. 生物体内组织或细胞间的环境称为_____。

2. 我国从东南至西北，可以分为 3 个等雨量区，因而植被类型也可以分为 3 个区，即_____区、干旱草原区和_____区。

3. 种群的基本特征包括_____特征、_____特征和_____特征。

4. _____是构成生物体的基本单位。

5. 在一定的条件下，当种群密度（数量）处于适度的情况时，种群的增长最快，密度太低或太高都会对种群的增长起限制作用，这种现象称为_____。

6. 种群中全部个体的所有基因的总和称为_____。

7. 若鹿的摄食量为 100%，其粪尿量为 36%，呼吸量为 48%，则鹿的同化量是_____。

8.《中国植被》一书中，按植物体态划分出木本植物、半木本植物、草本植

物和_____植物四大类生长型类群。

9．按演替的起始条件划分，可将演替划分为_____演替和_____演替。

10．根据林德曼定律，在生态系统中，一个营养级到另一个营养级的能量转化效率通常为_____左右。

11．蛋白质通过水解降解为氨基酸，氨基酸中的碳被氧化而释放出氨的过程称为氮的_____。

三、名词解释（每小题 3 分，共 15 分，英文名词翻译正确得 1 分）

1．limiting factor

2．competitive exclusion principle

3．intermediate disturbance hypothesis

4．负反馈

5．生态危机

四、简答题（每小题 8 分，共 32 分）

1．简述土壤的生态作用。

2．简述种群种间关系的主要类型，并各举一例说明。

3．简述人类对生态系统干扰的主要方式。

4．简述生态系统中生物生产的主要过程。

五、论述题（3 小题，共 18 分）

请认真阅读下列 3 则材料，然后回答问题：

材料 1：2017 年 5 月，自然之友法律团队工作人员在云南省玉溪市新平县调研绿孔雀及其栖息地保护案中，发现正在建设戛洒江水电站工程。戛洒江水电站总装机容量 27 万 kW，计划 2017 年 11 月大江截流，2020 年年底全部机组投产。

该电站蓄水运行后，玉溪市新平县和楚雄州双柏县绿孔雀重要栖息地中的低海拔河滩、河谷以及缓坡林地将被淹没。而且，该水电站建设还配套有清库即砍伐河道两边树木、道路修（改）建工程。上述开发建设活动的叠加效应，将使中国面积最大、连续完整的绿孔雀栖息地遭到严重破坏，极有可能造成绿孔雀种群区域性灭绝。

随后，自然之友向楚雄市中级人民法院提起生态环境公益诉讼，诉请被告为中国水电顾问集团新平开发有限公司、中国电建集团昆明勘测设计研究院有限公司停建戛洒江水电站。

2017 年 8 月 14 日，自然之友收到云南省楚雄中院的立案通知书。这是自然之友首例获得受理的预防性公益诉讼案，其诉讼目标是避免绿孔雀种群关键性栖息地毁于水电站工程。2017 年 9 月 20 日，云南省高级人民法院裁定本案由昆明市中级人民法院审理。

材料 2：绿孔雀属于国家一级保护动物，被世界自然保护联盟红色名录评为濒危物种。中国科学院昆明动物研究所曾对外透露，经调查发现，2013—2014 年云南的绿孔雀种群数量不到 500 只，这也代表了整个中国的数量。

材料 3：习近平总书记在 2019 年中国北京世界园艺博览会开幕式上的讲话中指出："我们应该追求人与自然和谐。山峦层林尽染，平原蓝绿交融，城乡鸟语花香。这样的自然美景，既带给人们美的享受，也是人类走向未来的依托。无序开发、粗暴掠夺，人类定会遭到大自然的无情报复；合理利用、友好保护，人类必将获得大自然的慷慨回报。我们要维持地球生态整体平衡，让子孙后代既能享有丰富的物质财富，又能遥望星空、看见青山、闻到花香"。

1．你认为水电站建设对项目区所在地的生态系统将会产生哪些不利影响？（5分）

2．从材料2看，绿孔雀属于珍稀濒危的鸟类。根据你所学过的环境生态学知识，谈谈该如何对其进行有效保护？（5分）

3．如何理解材料3中习近平总书记所说的"这样的自然美景，既带给人们美的享受，也是人类走向未来的依托"？（8分）

期末测试真题（三）

一、单项选择题（每小题只有一个正确答案，每小题2分，共20分）

1. 1993年1月18日，第四十七届联合国大会通过决议，确定将每年的3月22日定为（　　）。

A．世界湿地日　　B．世界水日　　　C．世界气象日　　D．世界地球日

2．生态系统的概念最早是由（　　）提出的。

A．E. Haeckel　　B．A. G. Tansley　　C．E. P. Odum　　D．K. Mobius

3．喜欢生活在阴湿环境中的植物种类，叶片一般大而薄，主要作用是（　　）。

A．充分利用光能　　　　　　B．减少阳光照射

C．适应低温　　　　　　　　D．适应潮湿的环境

4．下列关于种群的叙述，正确的是（　　）。

①内蒙古草原上全部的牛是一个种群；②池塘中所有的鱼是一个种群；③稻田中所有的三化螟是一个种群；④种群密度的决定因素是年龄组成和性别比例；⑤种群密度的大小决定于出生率和死亡率、迁入率和迁出率。

A．①③⑤　　　　B．②④　　　　C．②④⑤　　　　D．③⑤

5．已知物种1和物种2是两个竞争的种群，物种2对物种1和物种1对物种2的竞争系数分别为α和β，环境容量分别为K_1和K_2。根据Lotka-Volterra竞争模型，当两个物种都有可能获胜时，应满足的关系是（　　）。

A．$\alpha > \dfrac{K_1}{K_2}$和$\beta > \dfrac{K_2}{K_1}$　　　　　　B．$\alpha > \dfrac{K_1}{K_2}$和$\beta < \dfrac{K_2}{K_1}$

C．$\alpha < \dfrac{K_1}{K_2}$和$\beta < \dfrac{K_2}{K_1}$　　　　　　D．$\alpha < \dfrac{K_1}{K_2}$和$\beta > \dfrac{K_2}{K_1}$

6．若一种生物完成发育所需的时间与温度的乘积是一个常数，但在某一温度下发育停止。如果发育停止的温度是10℃，在30℃时观察完成发育需40天，则在25℃时完成发育需要的天数是（　　）。

A．约 80 天　　　B．约 50 天　　　C．约 45 天　　　D．约 30 天

7．在一个稳定的池塘生态系统中，一种突发的污染使所有的植物死亡，在可以测量的变化中首先降低浓度的是（　　）。

A．二氧化碳　　　B．硝酸盐　　　C．氧气　　　D．总磷

8．一块草地上有若干只老鼠，一晚用随机放置的捕鼠笼捕捉到了 20 只，做上不会脱落的记号后放回。3 天后再次捕捉，结果共捕到 15 只，其中 5 只身上有先前做的记号。这块草地上估计有（　　）只老鼠。

A．30　　　　B．60　　　　C．100　　　　D．150

9．在热带雨林中，主要以（　　）为主。

A．地面芽植物　　B．地下芽植物　　C．地上芽植物　　D．高位芽植物

10．能完成以下①～③过程的作用是（　　）。①把氨转化为硝态氮（$NH_3 \rightarrow NO_3$）这一过程；②是化能自养细菌完成；③在有氧条件下才发生。

A．固氮作用　　　B．氨化作用　　　C．硝化作用　　　D．反硝化作用

二、填空题（每空 1 分，共 15 分）

1．世界环境与发展委员会（WCED）于 1987 年向联合国提交了题为《＿＿＿＿＿＿＿＿》的研究报告。

2．在生物多样性的 4 个层次中，＿＿＿＿＿多样性是基础。

3．区域环境中由于某一个（或几个）圈层的细微变化而产生的环境差异所形成的小环境称为＿＿＿＿＿。

4．"三基点"温度是指生物生长的＿＿＿＿＿、＿＿＿＿＿和＿＿＿＿＿。

5．低温是冬小麦春化阶段需要的重要条件，否则它们就会一直保持无限的营养生长状态或很晚才能开花；但当其处于苗期时低温却成为限制因子。该例子说明生态因子的＿＿＿＿＿作用。

6．按锥体形状，种群年龄锥体可分为＿＿＿＿＿、＿＿＿＿＿和＿＿＿＿＿三种类型。

7．调查发现，某生态系统中森林的净初级生产量为 5 500 kg/（m^2·年），呼吸量占总生产量的 45%，则总初级生产量为＿＿＿＿＿kg/（m^2·年）。（用数字作答）

8．毒物在生物体内具有＿＿＿＿＿现象，通过食物链可产生逐级＿＿＿＿＿的效应。

9．在调查某小麦种群时发现 T（抗锈病）对 t（易感锈病）为显性，在自然

情况下该小麦种群可以自由传粉。据统计 TT 为 20%，Tt 为 60%，tt 为 20%，该小麦种群突然大面积感染锈病，致使全部的易感染小麦在开花之前全部死亡，则该小麦在感染锈病之前与感染锈病之后基因 T 的频率分别是_____和_____。（用数字作答）

三、名词解释（每小题 3 分，共 15 分，英文名词翻译正确得 1 分）

1．Liebig's law of minimum

2．founder effect

3．wetland

4．生态平衡

5．次生演替

四、简答题（每小题 8 分，共 32 分）

1．简述水因子的生态作用。
2．简述互利共生、偏利共生和原始协作的区别，并各举一例说明。
3．简述生物群落的基本特征。

4. 简述生态系统中能量流动的主要特点。

五、论述题（3 小题，共 18 分）

请认真阅读下列 3 则材料，然后回答问题：

材料 1：云南省西双版纳傣族自治州是全国热带雨林生态系统保存较为完整的地区，在这片不到国土面积 0.2% 的土地上生长着占全国 1/4 的野生动物和 1/5 的野生植物物种资源，因此向来被视为生物多样性保护和生态资源保护的重地。

材料 2：西双版纳是我国重要的橡胶种植基地，为我国国民经济的发展做出了巨大的贡献。然而近年来，国际橡胶价格疯涨，在西双版纳出现了为盲目追求经济效益而大量种植橡胶的情况，甚至出现"毁林种胶"的违法事件。随着橡胶种植面积的日益扩大，西双版纳的天然热带雨林逐渐缩小。据统计，50 年以前，西双版纳 70% 都由雨林和高山林覆盖，目前已不到 50%。在一位生态学家的地图上西双版纳标注着"热带雨林"的绿色区域已经越来越多地被红色覆盖。橡胶种植覆盖了西双版纳几近全部低地森林，并且不断向高地蚕食。

材料 3：在将农民带上脱贫致富快车道的同时，大量种植橡胶给西双版纳带来的负面生态效应开始一步步显现出来。大规模毁林种胶的行为严重破坏了天然林涵养水源、防风固沙、净化空气、调节气候的功能，也破坏了生物物种的遗传、更新和生态平衡。胶乳 70% 以上的成分是水，橡胶林不但没有蓄水的功能，反而需要大量吸水，一棵橡胶树就是一台小型抽水机，这个说法毫不夸张。种植橡胶使得很多地方溪流枯竭，井水干涸。原来河流深的地方有二三十厘米，现在只剩下裸露的河床。

1. 根据材料 1 的描述，为什么热带雨林中动植物资源如此丰富？（5 分）

2. 材料 2 中的"毁林种胶"折射出目前一些地方出现的"盲目发展"等问题，你认为应该如何处理好经济发展和生态保护的关系？（6 分）

3. 材料 3 反映了大量种植橡胶给西双版纳带来的负面生态效应，根据你学习的环境生态学知识，你认为应该如何减缓这些负面效应？（7 分）

期末测试真题（四）

一、单项选择题（每小题只有一个正确答案，每小题 2 分，共 20 分）

1. 下列与环境保护相关的节日中，定于每年 5 月举行的是（　　）。
A. 世界湿地日　　　　　　　　B. 世界水日
C. 世界生物多样性日　　　　　D. 世界防治沙漠化与干旱日

2. 叶肉细胞间隙环境属于（　　）。
A. 内环境　　　B. 微环境　　　C. 区域环境　　　D. 生境

3. 地形因子对生物的作用属于（　　）。
A. 直接作用　　　B. 间接作用　　　C. 替代作用　　　D. 补偿作用

4. 生活在沙漠中的仙人掌和霸王鞭是不同种类的植物，但它们都以肉质化的茎来适应干旱生境，这种现象称为（　　）。
A. 趋同适应　　　B. 水分竞争　　　C. 互利共生　　　D. 趋异适应

5. 与天然林相比，人工林更易发生病虫害，从生态学角度看是因为（　　）。①天然林营养结构复杂，人工林营养结构简单；②天然林雨水充足，限制了昆虫的发育；③人工林气候适宜，有利于昆虫的繁殖；④人工林生物多样性程度低，自动调节能力小。
A. ①②　　　B. ①③　　　C. ①④　　　D. ①③④

6. 已知物种 1 和物种 2 是两个竞争的种群，物种 2 对物种 1 和物种 1 对物种 2 的竞争系数分别为 α 和 β，环境容量分别为 K_1 和 K_2。根据 Lotka-Volterra 竞争模型，当物种 1 取胜、物种 2 被淘汰时，应满足的关系是（　　）。

A. $\alpha > \dfrac{K_1}{K_2}$ 和 $\beta > \dfrac{K_2}{K_1}$　　　　　B. $\alpha > \dfrac{K_1}{K_2}$ 和 $\beta < \dfrac{K_2}{K_1}$

C. $\alpha < \dfrac{K_1}{K_2}$ 和 $\beta < \dfrac{K_2}{K_1}$　　　　　D. $\alpha < \dfrac{K_1}{K_2}$ 和 $\beta > \dfrac{K_2}{K_1}$

7. 一个特殊的基因仅有两个等位基因 W 和 w，等位基因 W 的频率在种群中是 0.2，则 ww 的基因频率是（　　）。

 A．0.04   B．0.32   C．0.64   D．0.8

 8．人类释放到自然界的 DDT（双对氯苯基三氯乙烷）一旦进入生物体内，处于最高营养级的动物体内的浓度会比低位营养级扩大 100 000 倍，该现象称为（　　）。

 A．生物富集 B．生物放大 C．生物积累 D．物质再循环

 9．如果一只老虎的食物有 1/2 来自初级消费者，1/2 来自次级消费者，能量的传递效率为 10%，那么该老虎每增加 2 kg 的体重，约需消耗植物（　　）kg。

 A．1 100   B．1 250   C．1 750   D．2 200

 10．有些物种在维护群落或生态系统的生物多样性和稳定性方面起重要作用，其消失或削弱将会使整个群落或生态系统发生根本性的变化，这些物种称之为（　　）。

 A．优势种 B．亚优势种 C．建群种 D．关键种

二、填空题（每空 1 分，共 15 分）

 1．与传统的经典生态学不同，环境生态学侧重于研究＿＿＿＿＿＿作用下生态环境自身的系统变化和产生的系列效应。

 2．20 世纪 60 年代，生态学开始了以＿＿＿＿＿为研究重点的新阶段。

 3．Gaia 假说认为，＿＿＿＿＿保证了整个地球系统的稳定性。

 4．地球环境是指大气圈、水圈、岩石圈、＿＿＿＿＿和生物圈构成的总体。

 5．盐土所含的盐类主要为＿＿＿＿＿和＿＿＿＿＿。

 6．"两个黄鹂鸣翠柳，一行白鹭上青天"反映了动物种群的＿＿＿＿＿现象。

 7．调查发现，某群落有 A、B、C、D 4 个物种，每个物种的个体数均为 25 个，则该群落的辛普森指数是＿＿＿＿＿，香农-威纳指数是＿＿＿＿＿。（用数字作答）

 8．按照单元顶级学说的观点，无论哪种形式的前顶级群落，如果给予充足时间，都可能发展为＿＿＿＿＿顶级。

 9．据报道，2019 年云南省人口出生率为 12.63‰，死亡率为 6.2‰。假定人口按指数增长模型增长，则云南人口的倍增时间大约为＿＿＿＿＿年。（取整数）

 10．生态系统中所有的物质循环都是在＿＿＿＿＿循环的推动下完成的。

 11．陆地生态系统植被分布的"三向地带性"是指＿＿＿＿＿地带性、＿＿＿＿＿地带性和＿＿＿＿＿地带性。

三、名词解释（每小题 3 分，共 15 分，英文名词翻译正确得 1 分）

1．light saturation point

2．negative feedback

3．community succession

4．生态位

5．最小面积

四、简答题（每小题 8 分，共 32 分）

1．简述低温对动物形态影响的两条重要法则。

2．生物与生物之间有哪些重要的相互关系？请各举一例说明。

3．简述植物群落调查中种群数量特征的度量指标。

4．简述生态系统中氮循环过程的 4 种主要作用。

五、论述题（3 小题，共 18 分）

请认真阅读下列 3 则材料，然后回答问题：

材料 1：据联合国官方网站消息，联合国《生物多样性公约》第十五次缔约方大会（简称"COP 15"）将于 2021 年 10 月 11—24 日在云南省昆明市举办。此次大会因将确定 2020 年后全球生物多样性框架，制定 2021—2030 年全球生物多样性目标，展望 2050 年全球生物多样性愿景，备受国际社会期待。COP 15 云南省筹备工作领导小组办公室副主任、云南省生态环境厅一级巡视员高正文介绍，COP 15 大会的主题为"生态文明：共建地球生命共同体"，包括正式会议、边会和展览 3 个部分。届时，将有 196 个缔约方、联合国有关机构、相关国际组织等官员参会，预计达万人。

材料 2：然而非常不幸的是，我国是生物多样性受到严重威胁的国家之一，原始森林以每年 5 000 km² 的速度减少，草原退化面积达 87 万 km²，目前约 90% 的草地处在不同程度的退化中。中国十大陆地生态系统无一例外地出现了退化，就连青藏高原生态系统也不能幸免。以红树为例，中国红树主要分布在福建沿海以南，历史上最大面积曾达 25 万 hm²，现在仅剩 6%！高等植物中有 4 000～5 000 种受到威胁，占总数的 15%～20%。在《濒危野生动植物种国际贸易公约》列出的 640 个世界濒危物种中，中国就占 156 种，约为总数的 25%，形势十分严峻。

材料 3：2020 年 9 月 30 日，习近平总书记在联合国生物多样性峰会上发表重要讲话。他指出：当前，全球物种灭绝速度不断加快，生物多样性丧失和生态系统退化对人类生存和发展构成重大威胁。新冠疫情告诉我们，人与自然是命运共同体。我们要同心协力，抓紧行动，在发展中保护，在保护中发展，共建万物和谐的美丽家园。"山积而高，泽积而长。"加强生物多样性保护、推进全球环境治理需要各方持续坚韧努力。习近平总书记欢迎大家 2021 年聚首美丽的春城昆明，共商全球生物多样性保护大计，期待各方达成全面平衡、有力度、可执行的行动框架。他呼吁大家携手出发，同心协力，共建万物和谐的美丽世界！

1. 根据材料 1 的描述，什么叫生物多样性？为何全世界如此重视生物多样性的保护？（6 分）

2. 根据材料 2 反映的问题，你认为生物多样性面临威胁的主要原因有哪些？（6 分）

3. 材料 3 反映了共建万物和谐的美丽世界的重要性和紧迫性。根据你所掌握的环境生态学知识，谈谈该如何保护生物多样性？（6 分）

期末测试真题（五）

一、判断题（正确打"√"，错误打"×"。每题 1 分，共 10 分）

1．环境问题的出现是环境生态学形成和发展的主要动因。（　　）

2．环境生态学诞生的标志是 1962 年英国海洋生物学家蕾切尔·卡逊（Rachel Carson）《寂静的春天》一书的出版。（　　）

3．物种多样性是生物多样性的基础。（　　）

4．阳生植物光补偿点较低，但光合速率和代谢速率较高。（　　）

5．冬小麦需要经过低温"春化"阶段才能开花结果，否则就不能完成生命周期。（　　）

6．如果用 r 表示瞬时增长率，K 表示环境容量，在渔业生产上为获得最大持续产量，海洋捕捞时，应使鱼群的种群数量保持在 $rK/4$。（　　）

7．生物群落的演替，若按其演替的方向，可分为进展演替和逆行演替。（　　）

8．植物群落中的优势种可以有很多，但建群种只有一个。（　　）

9．分解者生物就是指所有的细菌和真菌。（　　）

10．环境中有毒物质进入生态系统后，只对处于较低营养级上的生物有毒害作用。（　　）

二、填空题（每空 1 分，共 15 分）

1．两个有相互作用联系的物种在进化过程中存在一种相互适应共同进化的现象，这一过程称为_____。

2．地球外部圈层可划分为_____、_____和_____三个基本圈层。

3．北极狐的外耳明显短于温带的赤狐，赤狐的外耳又明显短于热带的大耳狐。这种现象可用_____来解释。

4．水生植物通过退化的_____组织、发达的_____组织，以及带状、线状的叶片来适应水生环境。

5. 对于 r-对策和 K-对策系统，东北虎的生态对策是_____对策，田间杂草的生态对策是_____对策。

6. 在对某地麻雀种群个体数量的调查中，第一次捕获了 50 只麻雀，在这些麻雀的腿部套上标志环后放掉；数日后，又捕获麻雀 30 只，其中有标志环的为 10 只。该地区约有_____只麻雀。

7. 我国从东南到西北受海洋季风和湿气流的影响程度逐渐减弱，依次有湿润、半湿润、半干旱和干旱的气候，相应的变化植被依次出现_____、_____和_____三大植被区域。

8. 能量在生态系统中流动最主要的特点是_____和_____。

三、单项选择题（每小题只有一个正确答案，每小题 2 分，共 20 分）

1. 2011 年，生态学升级为一级学科，目前其下设置有（ ）个二级学科。

A. 5　　　　　B. 6　　　　　C. 7　　　　　D. 8

2. 生活在高原地区的人，血液中红细胞比普通人多。与此相关的生态因子是（ ）。

A. 阳光　　　　B. 温度　　　　C. 空气　　　　D. 水分

3. 下列关于种群的叙述，不正确的是（ ）。

A. 种群是物种在自然界存在的基本单位

B. 种群是一定时间和一定空间内所有个体的有机组合

C. 种群是生物群落的基本组成单位

D. 种群是一个演化单位

4. 下列选项中，两个物种食物竞争最为激烈的是（ ）。

A. 狼和兔子　　B. 青蛙和蝗虫　　C. 狮子和狼　　D. 大仓鼠和长尾仓鼠

5. 对于生态位，下列说法错误的是（ ）。

A. 生态位可能是多维的，在自然界进化所形成的同域物种中不可能有完全重合的生态位

B. 在环境资源有限的情况下，如果进化时间足够长，那么生态位分离经常发生

C. 特化的物种（占有较窄的生态位）对于资源条件单一且有限的环境来说是不利的

D．同一物种的不同性别也可能占有不同的生态位

6．地衣是真菌和藻类的共生体，是一种专性互利共生，那么真菌为藻类提供了（　　）。

A．光合作用的产物 　　　　　　　B．水分和无机盐

C．糖和水分 　　　　　　　　　　D．水分和阳光

7．调查发现，某草原气候区域内较湿润的地方出现了森林群落，可称为（　　）。

A．亚顶级　　　　B．先顶级　　　　C．后顶级　　　　D．分顶级

8．物质循环研究中，出入一个库的流通量除以该库中营养物质的总量称为（　　）。

A．流通率　　　　B．同化效率　　　　C．周转率　　　　D．周转时间

9．某生态系统森林现在生物量为 35 kg/m^2，净初级生产量为 5 460 kJ/（m^2·a），呼吸量占总初级生产量的 45%，则总初级生产量为（　　）kJ/（m^2·a）。

A．191 100　　　B．5 495　　　C．9 927　　　D．11 910

10．在一个生态系统中，（　　）被去掉后此生态系统仍可能保持能量与物质的平衡。

A．生产者　　　　B．消费者　　　　C．分解者　　　　D．非生物环境

四、名词解释（每小题 3 分，共 15 分，英文名词翻译正确得 1 分）

1．Gaia hypothesis

2．ecological amplitude

3．stress-tolerant strategy

4．edge effect

5．biological enrichment

五、简答题（每小题 5 分，共 25 分）

1．简述生态因子的不可替代性和补偿作用，并举例说明。

2．下面是一个不完整的动态生命表，请在表中 A、B、C、D、E 处填上正确的数字。

x	n_x	d_x	l_x	q_x	L_x	T_x	e_x
0	1 000	**B**			**D**		
1	400						**E**
2	**A**		0.2				
3	100			**C**			
4	0						

3．简述植物群落原生演替和次生演替的异同点。

4．你认为是什么原因导致了全球生物多样性的丧失？

5．请设计一个简单的试验，证明某植物能净化空气中的二氧化硫。

六、论述题（15 分）

你听说过"碳达峰"和"碳中和"吗？请从生态系统碳循环的角度，谈谈该如何实现"碳达峰"和"碳中和"这一战略目标。

硕士学位研究生入学考试模拟试卷（一）

环境生态学　试题

特别提示：1. 本试题共 3 页。

　　　　　2. 请用考场提供的专用答题纸答题，试卷上答题一律无效。

一、名词解释（每小题 4 分，共 24 分）

1. 净初级生产力

2. 趋异适应

3. 动态生命表

4. 黄化现象

5. 生物监测

6. 水体自净

二、填空题（每空 1 分，共 36 分）

1. _____利用和_____的共同利用是种群利用空间的主要方式。

2. Gaia 假说即_____学说，该假说认为地球自我调节过程中，_____是起主导作用的。

3. 按环境的主体分，目前有两种体系，一类是以_____为主体，另一类是以_____为主体。

4. 按生态系统空间环境性质把生态系统分为_____、_____和_____。

5. 按生殖年龄可把种群中的个体区分为 3 个生态时期，分别是_____、_____和_____。

6. 密度调节是指通过密度因子对种群大小的调节过程，包括_____、_____和_____3 个内容。

7. 每一种生物的拉丁名称都由一个_____名（在前）和一个_____名组成。

8. 概括起来,环境问题包括两大类型,一是_____问题,二是_____问题。

9. 生态系统平衡的调节主要是通过系统的_____、_____和_____实现的。

10. 生物的分布主要取决于_____条件和_____条件。

11. 环境质量评价按照时间可分为_____、_____、_____三类。

12. 环境噪声来源按污染源种类可分为自然噪声、_____、_____、_____、_____五类。

13. 我国环境管理的基本手段包括_____、_____、_____、_____、_____。

三、单项选择题(每题 2 分,共 30 分)

1. (   )陈述了来自冷气候中的内温动物与来自温暖气候的内温动物相比,趋向于具有更短的末端(耳朵和四肢)。

A. 比尔定律　　　B. 阿伦法则　　　C. Hamilton 定律　　　D. 贝格曼规律

2. (   )是生态学的一种主要影响力,是扩散和领域现象产生的原因,并且是种群通过密度制约过程进行调节的重要原因。

A. 种间竞争　　　B. 种内竞争　　　C. 个体竞争　　　D. 竞争

3. (   )在湖泊的营养物质循环中起关键作用。

A. 鱼类　　　　　B. 细菌　　　　　C. 浮游动物　　　D. 藻类

4. $\dfrac{\mathrm{d}N}{\mathrm{d}t} = rN\left(\dfrac{K-N}{K}\right) = rN\left(1 - \dfrac{N}{K}\right)$,这一数学模型表示的种群增长情况是(   )。

A. 无密度制约的离散增长　　　　B. 有密度制约的离散增长
C. 无密度制约的连续增长　　　　D. 有密度制约的连续增长

5. 按拉恩基尔的生活型分类,下列植物中属于 1 年生的是(   )。

A. 莲藕　　　　　B. 芦苇　　　　　C. 马铃薯　　　　D. 玉米

6. 白蚁消化道内的鞭毛虫与白蚁的关系是(   )。

A. 寄生　　　　　B. 拟寄生　　　　C. 互利共生　　　D. 偏利共生

7. 比较有利于植物生长的土壤母质是(   )。

A. 酸性岩母质　　B. 冲积物母质　　C. 风积母质　　　D. 黄土母质

8. 不符合增长型的种群年龄结构特征的是(   )。

A．幼年个体多，老年个体少 　　B．生产量为正值

C．年龄锥体下宽、上窄 　　D．出生率小于死亡率

9．从裸岩开始的旱生演替又属于（　　）。

A．次生演替 　　B．快速演替 　　C．内因性演替 　　D．外因性演替

10．大多数生物的稳态机制以大致一样的方式起作用：如果一个因子的内部水平太高，该机制将会减少它；如果水平太低，就提高它，这一过程称为（　　）。

A．反馈 　　B．内调节 　　C．外调节 　　D．负反馈

11．从污水处理系统的二次沉淀池中排出的剩余污泥含水率高达（　　）。

A．80% 　　B．95% 　　C．99%～99.5% 　　D．90%

12．从 20 世纪 60 年代以后，排烟脱硫技术主要以（　　）为主。

A．干法脱硫 　　B．湿法脱硫 　　C．氧化法脱硫 　　D．吸附法脱硫

13．我国的地表水环境质量标准划分为（　　）级。

A．2 　　B．3 　　C．4 　　D．5

14．下列水处理工艺中属于厌氧生物处理的是（　　）。

A．活性污泥法 　　B．生物转盘法 　　C．UASB 反应器 　　D．曝气生物滤池

15．汞及其化合物常采用（　　）进行监测。

A．紫外分光光度法 　　B．重量法

C．火焰原子吸收分光光度法 　　D．冷原子吸收法

四、简答题（5 小题，共 30 分）

1．举例说明食物链的主要类型。（6 分）

2．植物对水分适应的生态类型有哪些？（6 分）

3．丹麦植物学家阮基耶尔（Christen Raunkiaer）按照更新芽或休眠芽的位置，把高等植物分为哪几种主要的生活型？（5 分）

4．什么是土壤污染，土壤污染有什么特点？（8 分）

5．简述活性污泥法处理城市污水的基本处理流程。（5 分）

五、论述题（每题 15 分，共 30 分，第 1、2 题选做 1 题，第 3 题必做）

1．论述生态系统的组成、结构与功能。

2．论述生态位的基本概念和生态位理论的基本要点。

3．论述保护生物多样性的重要性及生物多样性保护的主要措施。

硕士学位研究生入学考试模拟试卷（二）

环境生态学　试题

特别提醒：1. 本试题共 2 页。

2. 请用考场提供的专用答题纸答题，试卷上答题一律无效。

一、名词解释（每小题 4 分，共 32 分）

1. Shelford 耐受性定律

2. 生态对策

3. 竞争排除原理

4. 优势种

5. 次生演替

6. 生态修复

7. 温室效应

8. biodiversity

二、填空题（每空 1 分，共 18 分）

1. 种群的分布格局一般可以分为_____、_____和_____。其中_____是自然界最常见的分布格局。

2. Verhurst 提出种群增长模型的逻辑斯谛方程，其逻辑斯谛曲线常划分为 5 个时期，即_____、_____、_____、_____和饱和期。

3. 根据能流的起点，可以将生态系统中的食物链分为 4 种类型：包括_____、_____、_____和_____。

4. 固体废弃物处理、处置和利用的原则为_____、_____和_____。

5. 废水的生物处理法中生物稳定塘是天然净化系统，生物稳定塘根据其占优势的微生物种类、需氧量和供给方式，可以分为_____、_____、_____和曝气塘 4 种类型。

三、简答题（每小题 15 分，共 60 分）

1. 什么是旱生植物？简述植物对干旱的形态结构和生理适应特征。
2. 简述生物群落的水平地带性分布，并举例说明。
3. 简述磷循环的主要途径及其影响因素。
4. 简述生物富集的概念及其影响因素。

四、论述题（每小题 20 分，共 40 分）

1. 试述植被破坏的主要原因、危害及保护对策和生态修复的措施，并举例加以分析说明。
2. 试述农田土壤镉污染产生的原因、危害，分析说明降低水稻镉含量的途径。

硕士学位研究生入学考试模拟试卷（三）

环境生态学　试题

特别提醒：1. 本试题共 2 页。

　　　　　2. 请用考场提供的专用答题纸答题，试卷上答题一律无效。

一、名词解释（每小题 4 分，共 32 分）

1. 限制因子
2. 自疏现象
3. 生态位
4. 建群种
5. 生态平衡
6. 植物修复
7. acid rain
8. 生态系统多样性

二、填空题（每空 1 分，共 18 分）

1. 根据植物对日照长度的反应可以把植物分为 4 种生态类型：_____、_____、_____ 和 _____。

2. Deevey 把存活曲线划分为 3 种类型，包括_____、_____ 和 _____。

3. 植物群落的旱生演替系列包括_____、_____、_____ 和 _____ 4 个阶段。

4. 生态破坏除自然因素的驱动外，人类活动往往起到主导的诱发作用。人为因素主要有_____、_____、_____ 和 _____ 等。

5. 生物入侵的控制方法包括_____、_____ 和 _____。

三、简答题（每小题 15 分，共 60 分）

1. 简述高温对植物的影响及植物的生态适应特征。
2. 简述群落的边缘效应及其生态学意义，并举例加以说明。
3. 简述生态平衡的调节机制。
4. 简述植物对水溶态污染物的吸收过程及其影响因素。

四、论述题（每小题 20 分，共 40 分）

1. 试述土壤退化的原因、特征及生态修复的对策，并举例加以说明。
2. 试述水体富营养化产生的原因及生态修复对策，请举例加以说明。

硕士学位研究生入学考试模拟试卷（四）

环境生态学　试题

特别提醒：1. 本试题共 2 页。

　　　　　2. 请用考场提供的专用答题纸答题，试卷上答题一律无效。

一、名词解释（每小题 4 分，共 32 分）

1. biotic community
2. biodiversity
3. 限制因子
4. 自疏现象
5. 生态位
6. 热带雨林
7. 十分之一定律
8. 生物富集

二、比较题（每小题 9 分，共 18 分）

1. 湿地植物与湿生植物
2. 进展演替与逆行演替

三、简答题（每小题 15 分，共 60 分）

1. 简述捕食作用及其生态学意义。
2. 简述生物种群及其基本特征。
3. 简述生态系统的能量流动的途径及其特点。
4. 简述温室效应产生的原因及其对生态环境的影响。

四、论述题（每小题 20 分，共 40 分）

1. 试述生物入侵产生的原因、危害及其防治对策，并举例加以说明。

2. 试述生态修复的原则和技术体系，并以植被破坏的生态修复为例说明植被恢复的途径和方法。

硕士学位研究生入学考试模拟试卷（五）

环境生态学　试题

特别提醒：1. 本试题共 2 页。

　　　　　 2. 请用考场提供的专用答题纸答题，试卷上答题一律无效。

一、名词解释（每小题 4 分，共 32 分）

1. greenhouse effect
2. ecosystem
3. 营养级
4. 生态平衡
5. 演替
6. 生物放大
7. 阳性植物
8. 中度干扰假说

二、比较题（每小题 9 分，共 18 分）

1. 生物修复与植物修复
2. r-对策与 K-对策

三、简答题（每小题 15 分，共 60 分）

1. 简述他感作用及其生态学意义。
2. 简述生物群落的三元地带性分布，并举例加以说明。
3. 简述酸雨形成的原因及其对植物的影响。
4. 简述生物富集的概念及其影响因素。

四、论述题（每小题 20 分，共 40 分）

1. 试述水体富营养化产生的原因及生态修复对策，请举例加以分析说明。

2. 试述农田土壤重金属污染产生的原因、危害，举例说明降低水稻镉含量的途径。

参考答案

第一章　绪　论

一、填空题

1．负效应、生态破坏；2．镉（Cd）；3．坦斯利；4．个体、种群、群落、生态系统；5．自然选择、最适者生存；6．实验生态学；7．种群、景观单元、整个生物圈；8．点位、区域；9．野外调查；10．DDT（双对氯苯基三氯乙烷）；11．人为火、自然火，地面火、林冠火

二、名词解释

1．环境生态学：是研究在人为干扰下，生态系统内在的变化机理、规律和对人类的负效应，寻求受损生态系统恢复、重建和保护对策的科学。

2．生态破坏：是指因人类不合理地开发、利用资源和兴建工程项目而引起的生态环境退化及由此而衍生的环境效应，从而对人类的生存环境产生不利影响的现象，如森林破坏、水土流失、土地沙化等。

3．环境污染：是指由于人类活动或自然灾害导致输入环境中的污染物数量和速度超过环境对该物质的承载和容纳能力，使环境原有功能性质发生变化，如 SO_2 污染、农药污染、重金属污染等。

4．生态学：是研究生物与环境相互关系的学科。

5．secondary environmental problem（次生环境问题）：是指由人类活动引起的环境问题。

三、单项选择题

1．B；2．B；3．A；4．C；5．A；6．B；7．B；8．C；9．D；10．B；11．D；12．D；13．A；14．A；15．B

四、简答题[*]

1. 答：环境生态学的主要研究内容有：（1）人为干扰下生态系统的内在变化机制和规律；（2）生态系统受损程度及危害程度的判断；（3）生态系统保护的理论与方法；（4）环境污染防治的生态学对策研究；（5）受损生态系统的恢复与重建技术；（6）生态规划与区域生态环境建设生态风险评价；（7）生物多样性与生态安全。

环境生态学的研究任务为：（1）利用生态学原理解决人类干扰自然的过程，保护、恢复和重建生态环境；（2）改善人类活动方式，寻求人类可持续发展道路，正确处理人类生存、发展与环境的关系，维护生态平衡。

2. 答：（1）环境生态学是一门新兴的学科，是生态学与环境科学相互交叉、相互融合形成的；（2）研究内容向微观和宏观两个方向发展；（3）鉴于环境问题的复杂性需要开展国际合作；（4）研究方法与系统分析、工程技术相结合，并应用现代新技术和新方法。

3. 答：环境生态学是现代生态学的重要内容，也是环境科学的组成部分。理解人为干扰与生态系统内在的变化机制、规律之间的相互关系是环境生态学的研究关键。因此，环境生态学的研究方法主要有调查统计分析、科学试验、系统分析、历史资料分析等。

五、论述题

1. 答：环境生态学是生态学学科体系的组成部分，是依据生态学理论和方法研究环境问题而产生的新兴分支学科，两者息息相关，在研究范畴上有很多交叉，存在着相辅相成、相互促进的关系。

环境科学是研究人类环境质量以及保护和改善环境的科学。环境生态学是环境科学的分支学科之一，环境科学在研究人类环境质量、保护自然环境和改善受损环境的过程中，是以生态学为基础的，并以生态系统平衡为原则和目标。环境生态学理论将有利于环境科学的丰富和发展。环境科学研究的是人与环境之间的关系，生态学研究的是生物与环境之间的关系。而环境生态学包含了二者的研究范畴，研究人、生物与环境之间的关系。

2. 答：纵观历史，环境问题是伴随着人类生产力和人类文明的不断发展而产

---

[*] 简答题的参考答案仅列出了答案要点。

生的，从小范围、低程度的危害发展为大尺度、严重的危害。环境问题的产生和发展可划分为早期农业环境问题、近代城市环境问题和当代全球环境问题三个阶段。

①早期农业环境问题阶段从人类出现直至产业革命之前。这个阶段农业社会生产力水平较低，人类依赖自然环境，主要环境问题是对生态的破坏，如砍伐森林、破坏草原、开垦农田等。

②近代城市环境问题阶段从产业革命到1984年首次发现南极臭氧空洞。18世纪末欧洲的一系列发明和技术革新提高了人类社会的生产力水平，人类开始以空前的规模和速度开采、消耗能源及其他自然资源，导致了化石燃料引起的大气 SO_2 污染、水体和食品中的重金属污染、有机物污染等典型的世界八大公害事件。

③当代全球环境问题阶段始于1985年美国科学家证实臭氧层空洞存在，由此掀起了关注全球环境问题的热潮。该阶段的环境问题主要有温室效应、臭氧层耗损、酸雨、大气污染、水污染、土壤退化、森林破坏、生物多样性锐减等。

3. 答：①深入和系统研究主要污染物在各种生态系统中的迁移、转化及其造成的损失；②区域污染的综合治理；③深入开展全球变化、新型污染物与生物系统方面的研究；④研究生态系统退化的机理、过程及继续退化的恶果，退化生态系统恢复与重建的机理与技术措施；⑤加速开展生物多样性研究，建立基因、物种、生境和生态系统多样性数据库；⑥大气、水域、土壤、植物系统污染的机理及综合治理的技术措施研究；⑦环境生态系统大数据整合、云计算及模型构建等。

第二章 生物与环境

一、填空题

1. 社会环境；2. 中间层、散逸层；3. 土壤肥力；4. 生存因子；5. 驯化；6. 趋异适应；7. 生物的光周期现象；8. 贝格曼规律；9. 微风；10. 风折、风倒、风拔；11. 变动因子；12. 穴居、昼伏夜出；13. 有效积温；14. 李比希最小因子定律、谢尔福德耐受性定律；15. 阶段性；16. 微环境；17. 渗透压；18. 最小量；19. 生理有效辐射

二、名词解释

1. 生态因子：指环境中对生物的生长、发育、生殖、行为和分布等有着直接影响或间接影响的环境要素，如光照、温度、水分、食物和其他相关的生物等。

2．环境因子：指生物有机体以外的由各种各样的因子和条件组成的所有环境要素。环境因子是构成环境的基本成分，具有综合性和可调剂性。

3．生境：指某一特定生物个体和生物群体生存的生态环境，包括生物对环境的影响。

4．生态幅：生物对每一种生态因子都有其耐受的上限和下限，上、下限之间就是生物对这种生态因子的耐受范围，每个物种对生态因子适应范围的大小称为生态幅。

5．内稳态：指生物系统通过内在的调节机制使内环境保持相对稳定，即生物控制体内环境使之不随外部环境的变化而变化的相对稳定机制。

6．有效积温：指在生物生长发育期或某一发育阶段内，扣除生物学零度（生物生长发育所需的最低温度），对生物生长发育有效的那部分气温的总和。

7．栖息地：一种生物之所以能够长期生活在某个环境里，是因为这个环境为它提供了生存、生长和繁殖所必需的食物、水、庇护所等条件，这样的生活环境称为栖息地。

8．光饱和点：在一定的光强范围内，植物的光合速率与光照强度成正比，但是达到一定光照强度后，光合速率不会增加，倘若继续增加光照强度，光合速率不仅不会提高，反而下降，此时的光照强度称为光饱和点。

9．biosphere（生物圈）：是由对流层（大气圈的下层）、水圈和风化壳（岩石圈的表层）三个地理圈的总和组成，有生命活动的领域及其居住环境的整体。

10．photomorphogenesis（光形态建成）：也称光控发育，指不同的光质触发不同光受体。如红光（650～760 nm）、远红光（700～760 nm）、蓝光（430～470 nm）和紫外光（280～380 nm）属于低能耗效应的光，能影响植物的光合特性、生理代谢、生长发育、结构特征、抗逆和衰老等。因此把只需低能的光控制植物形态建成的作用称为光形态建成。

11．light compensation point（光补偿点）：指当光合作用合成的有机物刚好与呼吸作用所消耗的物质达到平衡时的光照强度。

12．etiolation phenomenon（黄化现象）：指多数植物在黑暗中生长时呈现黄色和其他变态特征的现象，是植物对黑暗环境的特殊适应。

三、单项选择题

1．B；2．C；3．A；4．C；5．D；6．B；7．A；8．A；9．B；10．A；11．A；

12. C；13. A；14. D；15. B；16. A；17. C；18. C；19. B；20. D；21. B；
22. C；23. B；24. C；25. D；26. B；27. C；28. A；29. C；30. C；31. B；
32. B；33. C；34. D；35. B；36. B；37. B；38. B；39. C

四、多项选择题

1. ABC；2. ABC；3. BC；4. ABCD；5. ABCD；6. BCD

五、判断题

1. ×；2. ×；3. √；4. √；5. ×；6. ×；7. √；8. √；9. √；10. ×；
11. ×；12. √

六、简答题

1. 答：生态因子分为 5 类：①气候因子；②土壤因子；③地形因子；④生物因子；⑤人为因子。

生态因子作用的基本特征：①生态因子的综合作用；②主导因子的作用；③直接作用和间接作用；④不可替代和部分补偿作用；⑤阶段性作用；⑥生态因子的限制性作用（李比希最小因子定律和谢尔福德耐受性定律）。

2. 答：红光的生态作用：光合活性大；促进叶绿素的合成；有利于碳水化合物的合成；促进发芽，提高物体的温度。

蓝光的生态作用：吸收叶绿素和类胡萝卜素，并促进蛋白质的合成。

紫外线的生态作用：抑制植物茎的伸长，有致死作用，可用于杀菌。

3. 答：有效积温法则的生态学意义：①预测生物发生的世代数；②预测生物地理分布的北界；③预测害虫来年发生的历程；④预定农业气候区划，合理安排作物；⑤预报农时、害虫出现的时期。

4. 答：土壤的生态学意义：①为陆生植物提供基底，为土壤生物提供栖息场所；②为生物生长提供必需的矿质元素；③为植物生长提供必需的水、热、肥、气；④维持丰富的土壤生物区系；⑤生态系统的许多重要生态过程都是在土壤中进行的。

5. 答：以水为主导：①水生植物：沉水植物、浮水植物、挺水植物；②陆生植物：湿生植物、中生植物、旱生植物。

以光照为主导：①以光照强度为主：阳性植物、阴性植物、耐阴植物；②以日照长度为主：长日照植物、短日照植物、中日照植物、中间型植物。

以温度为主导：广温植物、狭温植物。

以土壤为主导：酸性土植物、中性土植物、盐碱土植物、钙质土植物、嫌钙质土植物、沙生植物。

6. 答：直接作用因子有气候因子［光照、温度、大气、降水（湿度）等］和土壤因子（土壤结构、土壤的理化性质、土壤肥力和土壤生物等）。

间接作用因子有地形因子（山脉、河流、海洋、平原等）以及和它们所形成的丘陵、山地、河谷、溪流、河岸以及各种地貌类型。

七、论述题

1. 答：水的生态作用：水是生物体不可缺少的组成成分；水是生物体所有代谢活动的介质；水为生物创造稳定的温度环境；生物起源于水环境；水还能维持细胞和组织的紧张度，使植物保持一定的状态，维持其正常生长。

生物对极端水环境的适应性表现在以下两个方面。

（1）植物的抗旱性能

土壤缺水或大气相对湿度过低对植物造成的伤害称为旱害，包括脱水伤害和高温伤害。植物的抗旱性能主要取决于植物的避旱性和耐旱性。避旱植物有一系列防止水分散失的结构和代谢功能，或具有膨大的根系用来维持正常的吸水。

多浆植物：①根、茎、叶等薄壁组织转化为储水组织；②面积/体积小、绿色茎进行光合作用、气孔小而内陷；③细胞内含特殊的五碳糖（6-磷酸核酮糖），提高汁液浓度和保水能力；④景天酸代谢（CAM 途径）。

少浆植物：①叶呈针刺状、小鳞片状；②根系发达或根外有木栓层；③原生质渗透压高；④能保持酶的活性，抑制糖和蛋白质的分解。

耐旱型植物具有较低的水合补偿点，即净光合作用为零时植物的含水量。

大多数维管束植物的耐旱性能是有限的，因此植物的抗干旱性能主要取决于其逃避旱时的机制效率，主要有 3 种方式：①缩短生长发育期，逃避干旱季节；②改善吸水性能，储存水分并增加输水能力；③减少水分丢失，提高水分利用效率。

（2）植物的抗涝性能

土壤水分过多对植物产生的伤害称为涝害，植物对积水或土壤过湿的适应力和抵抗力称为植物的抗涝性。

发达的通气系统是强耐涝植物最明显的结构特征。很多植物可以通过胞间空隙把地上部吸收的 O_2 输入根部或缺 O_2 部位。

淹水可引起植物体内乙烯水平显著增加。乙烯在植物体内的大量积累可刺激通气组织的发生和发展，还可刺激不定根的生成。某些植物（如甜茅属）在淹水时会刺激糖酵解途径的发生，其后磷酸戊糖途径占优势，这样便避免了有毒物质的积累。

2. **答**：生物适应环境的途径主要有 4 种：形态结构的适应、行为适应、生理适应和营养适应。

（1）形态结构的适应

不同的生物可以通过形态结构适应环境，绿色植物一般都有较大的叶片进行光合作用，并且能通过蒸腾作用促进根系吸收和植物体散热。如仙人掌应对沙漠缺水环境，其叶长成刺状可以减少水分的散失，茎含有叶绿素，并且肥大，既能进行光合作用，又能储存水分。动物对环境的适应有保护色、警戒色、拟态等。①保护色的形式多种多样，如水母、海鞘等水生生物的躯体近乎透明，能巧妙地隐身于水域中。分割色是保护色的又一种形式，如虎、豹、斑马、长颈鹿身上都有花纹，在光暗斑驳的环境配合下，能使其轮廓模糊不清。②警戒色，如毒蛾的幼虫多具有鲜艳的色彩和斑纹，误食这种幼虫的小鸟常被毒毛损伤口腔黏膜，这种易于识别的色彩和斑纹就成为小鸟的警戒色。③拟态，如一些无毒的假珊瑚蛇也具有与剧毒的真珊瑚蛇相似的红、黑、黄相间的横纹。

（2）行为适应

动物通过运动、迁移、迁徙（季节）等行为改变适应环境，如鹿、兔、羚羊等动物奔跑速度很快，豪猪、刺猬身上长满尖刺，黄鼬在遇到敌害时能分泌臭液等。

（3）生理适应

生物有机体通过身体的各种变化（如生物钟、时间节律、休眠）来适应环境。如鱼的身体呈流线型，用鳃呼吸，用鳍游泳，这些都是与水生环境相适应的；蜥蜴和家兔等陆生动物用肺呼吸，用四肢行走，体内受精，这些都是与陆生环境相适应的。

（4）营养适应

酵母菌在有氧和无氧的环境下都能生存，在营养物质比较丰富的环境中，酵母菌通常会采取无性繁殖，通过芽殖、裂殖或无性孢子繁殖等方式繁殖后代；在营养物质匮乏的环境中，酵母菌通常会选择有性繁殖，两个具有性差异的细胞相互结合，从而繁殖出新的酵母菌细胞。

3. **答**：土壤处于大气圈、水圈、岩石圈及生物圈的交界面，是岩石圈表面的疏松表层，是地球表面各种物理、化学、生物化学过程，物质与能量交换，动植物迁移等非常复杂和频繁的地带，是陆生植物和陆生动物生活的基质。土壤不仅为植物提供必需的营养和水分，而且也是土壤动物赖以生存的栖息场所。土壤的形成从一开始就与生物的活动密不可分，是生物和非生物环境之间的一个极为复杂的复合体。

植物的根系与土壤有着极大的接触面，在植物和土壤之间进行着频繁的物质交换，通过控制土壤因素就可影响植物的生长和产量。对动物来说，在土壤中可以躲避高温、干燥、大风和阳光直射；土壤通气性程度还影响土壤微生物种类、数量和活动情况，从而影响土壤肥力和植物的生长发育。

生态系统中的很多重要过程都是在土壤中进行的，其中包括分解和固氮过程。生物遗体只有通过分解过程才能转化为腐殖质和矿化为可被植物利用的营养物质，而固氮过程则是土壤氮肥的主要来源。这两个过程都是整个生物圈物质循环不可缺少的。

总之，土壤是生物和非生物体之间的一个特殊因子，在不同的土壤中长期生长的生物对该种土壤产生了一定的适应特性，形成各种以土壤为主导因子的生物生态类型。

保护和利用土壤的途径：①摸清土壤污染源，即土壤污染物来源。大气污染型的污染物质来源于被污染的大气，污染物质主要集中在土壤表层，其主要污染物是大气中的二氧化硫、氮氧化物和颗粒物等，它们通过沉降和降水而落入地表；水污染型是城乡工矿企业废水和生活污水未经处理直接排放，使水系和农田土壤遭受污染；固体废物污染型主要是工厂矿山的尾矿废渣、污泥和城市垃圾等作为肥料施用或在堆放过程中通过扩散、降水淋洗等直接或间接影响土壤；农业污染型的污染物主要来自施入土壤的化学农药和化肥，其污染程度与化肥、农药的数量、种类、利用方式及耕作制度等有关。

②针对不同污染程度采取相应的防治措施。在土壤污染风险管控中把土壤污染分为三类：第一类为未污染土壤或轻度污染土壤；第二类为中轻度污染土壤；第三类为重度污染土壤。未污染土壤或轻度污染土壤可进行正常农业生产，中轻度污染土壤可边生产边修复，重度污染土壤要边治理边修复边利用。

对于第一类土壤，要加强环境监测，确保面积不减少，土地质量不下降，农业投入品管理；对于第二类土壤，要进行农艺调整，施加石灰或钝化剂，筛选重金属低累积植物；对于第三类土壤，要进行用途管制，禁种食用农产品，退耕还林，植物修复，换土等。

4. 答：①生物与环境的相互关系：生物的生存环境多种多样，生物不能脱离其所在的环境且受其生存环境的制约，同时，生物的生命活动又不断影响和改变着环境。生物和环境在相互作用、相互依存中形成统一的整体。

②在生物与环境的相互关系中环境起到主导作用：环境为生物提供必需的生存条件，如大气为生物提供了呼吸需要的 O_2，也为植物提供光合作用必需的 CO_2，阳光为所有生物直接或间接提供了能量等；土壤为生物的生长繁衍提供了一个相对稳定的基底，在不同的土壤中长期生长的生物对该种土壤产生了一定的适应特性，形成各种以土壤为主导因子的生物生态类型。生物必须适应环境才能生存，否则会被淘汰，这就是所谓的适者生存。例如，沙漠中的植物必须耐旱，生活在池塘里的鱼类必须适应水生环境。因此环境对生物的影响是主导性的。

③在生物与环境的相互关系中生物起到主动作用：生活在各种环境中的生物影响环境使环境发生变化，如大面积的森林可以保持水土、调节气候，若森林被破坏将出现水土流失、气候变化等问题。土壤微生物在养分循环中把有机物转化为无机物，植物又能通过光合作用把无机物转化为有机物，环境中的物质循环、能量流动都通过生物的生理代谢得以实现。

5. 答：（1）该现象可用盖亚假说来解释。盖亚假说认为地球表面的温度和化学组成是由地球表面的生命总体（生物圈）主动调节的。

（2）这是变温的生态作用。由于降温后可使氧在细胞中的溶解度增大，从而改善了植物种子萌发时的通气条件。

（3）这 3 个地方都是热带雨林分布区。热带雨林的主要特点之一是植物种类特别丰富，大部分都是高大乔木。

（4）这可用春化作用来解释。春化作用是某些植物（如小麦）一定要经过一个低温"春化"阶段，才能开花结果。

（5）这是变温对产品品质的影响。云南地处高原，高原地区日温差大，白天温度高，晚上温度低，这种变温有利于干物质的积累。

（6）冬天到来之前，植物为了御寒，将体内一些复杂的有机物转化成糖分。细胞糖分增多后，可以增强植物的抗寒能力，同时可以促进叶片中花青素的形成。

花青素是使植物叶片呈红色的主要成分。

（7）这些植物属于长日照植物。长日照植物通常是在日照时间超过一定数量后才开花，否则只进行营养生长，不能形成花芽。人为延长光照时间可促使这些植物提前开花。

（8）这可用驯化过程来解释。驯化过程实际上是生物体内决定代谢速率的酶系统的适应性改变过程，借助驯化过程可以稍微调整生物对某个环境因子或某些环境因子的耐受范围。

（9）这些植物属于中间型植物，该类植物开花对日照时间的要求不严格，只要其他条件合适，在不同的日照时间长度下均能开花。

（10）这是火的生态作用，火对生态环境影响的有利一面是可以提高动物的抗病能力。

（11）这是动物体色对环境的适应现象，即保护色。很多动物的体色与其所生存的环境颜色一致，使自身与环境背景混淆不清，因而可以逃避被捕食。

（12）这是李比希最小因子定律。植物的生长取决于环境中处于最少量状态的营养成分。

（13）这是变温的生态作用。青藏高原昼夜温差大，变温对于植物体内物质的转移和积累具有良好的促进作用。

（14）这是风的生态作用。树木向风面生长的叶芽受到风力的袭击、摧残或过度蒸腾而引起局部损伤。背风面由于树干挡风，枝条长得较长。

（15）这是生物对盐碱的适应特征。袁隆平院士团队通过多年的杂交水稻选育，培育出了耐盐碱的水稻品系。

（16）这是生物对冰舌消长的适应特征。冰舌是指山岳冰川从粒雪盆流出的舌状冰体，冰舌区是冰川作用最活跃的地段，也多是冰川的消融区。生长于此的杜鹃灌丛形成了与之相应的适应特征。

（17）这是生物对温度的适应特征。鼻腔更长有利于预热寒冷的空气。

（18）这是生物的物候现象。生物长期适应于一年中温度的寒暑节律性变化，形成与此相适应的生物发育节律。

（19）这是生物对光强的适应特征，适量的光照有利于阴生植物光合作用和叶绿体的发育。

第三章 生物种群与群落

一、填空题

1. 聚集（成群）分布；2. 自疏现象、3/2；3. 质、量；4. 衰退型种群；5. 死亡率曲线、生命期望；6. 负相互作用；7. 空间生态位、营养生态位、超体积生态位、生态位宽度；8. 三向地带性；9. 原生演替、次生演替；10. 生态出生率；11. 数量、空间、遗传；12. 多度；13. 相对密度、相对频度、相对优势度；14. 共同预防敌害、有利于改变小生境；15. 生态等值种；16. K/2（K 为环境容量）；17. 5、转折；18. 镶嵌性；19. 41%；20. 生长型；21. 野外观察法、实验研究法、数学模型法；22. 种群；23. 水华、赤潮；24. 盖度比；25. 某一物种被排除、两物种稳定共存、两物种不稳定共存；26. 遗传瓶颈；27. 外源性、内源性

二、名词解释

1. 种群：指在特定时间内，分布在一定空间中同种生物的集合。

2. 环境容量：某种群在一个生态系统中，即在一个有限的环境中所能达到的最大数量或者最大密度，称为该系统或环境对该种群的容纳量，通常用 K 来表示。当种群数量超过环境容量时，种群数量趋于减少；当种群数量低于环境容量时，则种群数量趋于增加。

3. 种间关系：指不同物种种群之间的相互作用，包括正相互作用、负相互作用和中性作用。

4. 他感作用：指一种植物通过向体外分泌代谢过程中产生的化学物质对其他植物产生直接或间接的影响。

5. 生态位：生态系统中各种生态因子都有明显的变化梯度，这种变化梯度中能被某种生物占据利用或适应的部分称为生态位。

6. 生物群落：在特定空间或特定生境下，生物种群有规律地进行组合，它们之间以及它们与环境之间彼此影响，相互作用，具有特定的形态结构与营养结构，执行一定的功能，这种多种群集称为群落。

7. 优势种：对群落的结构和群落环境的形成具有明显控制作用的植物称为优势种。

8. 建群种：植物群落各层有各自的优势种，其中优势层的优势种起到构建群

落的作用，称为建群种。

9．层片：是植物群落的结构单元，由具有一定的生态生物学一致性和一定小环境的种类组合而成。

10．边缘效应：是群落交错区中某些生物种类和种群密度增加的现象。

11．密度效应：指在一定时间内，当种群的个体数目增加时，就必定会出现邻接个体之间的相互影响。

12．protocooperation（原始合作）：指两个生物种群生活在一起，彼此都有所得，但二者之间不存在依赖关系。它们的协作关系是松散的，分离后双方仍能独立存活。

13．多元顶级论：群落演替指在某个生境中能自行繁衍并达到基本稳定就结束其演替过程达到顶级。但在同一生境内，受各种生态因子影响导致群落演替不一定汇集于一个共同的气候顶级终点，如同一气候区域内，出现气候顶级、土壤顶级、地形顶级、动物顶级等形式。因此，一个植物群落在某一种或几种环境因子的作用下在较长时间内保持稳定状态，都可认为是顶级群落，这种理论即为多元顶级论。

14．Gause's hypothesis（高斯假说）：由于竞争的结果，两个食性相似的物种不能占有相似的生态位，而是以某种方式被彼此取代，使每一物种具有食性或其他生活方式上的特点，从而在生态位上发生分离的现象，这一假说即为高斯假说。

15．life form（生活型）：是生物对相同环境条件进行趋同适应的结果，是对综合环境条件长期适应的外部表现形式。同一生活型的生物表示它们对环境的适应途径和适应方法相同或相似。

16．coevolution（协同进化）：指一个物种的性状作为对另一物种性状的反应而进化，而后一物种的性状又对前一物种性状的反应而进化的现象。

17．生态型：是指同一物种的不同类群长期生活在不同生态环境产生趋异适应，成为遗传上有差异的、适应不同生态环境的类群。

18．Allee's principle（阿利规律）：种群密度适宜时，种群生长最快；密度太低或太高都会限制种群生长。

19．richness index（丰富度指数）：指一个群落或生境中物种数目的多寡。

20．intraspecific competition（种内竞争）：指同一物种不同个体之间对资源的竞争。

21．genetic drift（遗传漂变）：是指在一个小群体内，每代从基因库抽样形成下一代个体的配子时，会产生较大的抽样误差，由这种误差引起群体等位基因频率的偶然变化。

22. 植被缓冲带：是水土保持和控制面源污染的生物治理措施的总称。

23. 偏利共生：指种间相互作用对一方没有影响，而对另一方有利。

24. keystone species（关键种）：是一个对它所在的群落或生态系统产生巨大影响，而这种影响相对于多度而言非常不成比例的物种。

25. 香农-威纳指数：可描述种类的丰富度和种类中个体分配的均匀性，个体出现紊乱和不确定性越高，多样性也就越高，群落稳定性就越好。该指数也适用于生物多样性评价。

26. 最小种群原则：对于一些集群生活的动物种类，如果数量太少或低于集群的临界下限，该种群就不能正常生活甚至不能生存。

27. MSY 原理：即最大持续产量（maximum sustained yield）原理，当种群数量维持在环境容量的一半（$K/2$）时种群增长最快，此时的最大持续产量是 $rK/4$。

三、单项选择题

1. D；2. D；3. D；4. C；5. A；6. D；7. B；8. B；9. D；10. A；11. A；12. A；13. C；14. C；15. B；16. A；17. A；18. D；19. A；20. C；21. C；22. C；23. A；24. B；25. C；26. B；27. D；28. C；29. D；30. C；31. B；32. C；33. A；34. A；35. D；36. A；37. D；38. C；39. B；40. D；41. C；42. B；43. A；44. A；45. A；46. A；47. D；48. C；49. B；50. A；51. D；52. D；53. B

四、简答题

1. **答**：引起种群数量变动的 4 个初级种群参数是出生率、死亡率、迁入率和迁出率。出生率是指单位时间内种群的出生个体数与种群个体总数的比值；死亡率是指单位时间内种群的死亡个体数与种群个体总数的比值；迁入率是指单位时间内种群的迁入个体数与种群个体总数的比值；迁出率是指单位时间内种群的迁出个体数与种群个体总数的比值。

出生和迁入使种群数量增加，死亡和迁出使种群数量减少，从而引起种群数量变动。

2. **答**：*r*-对策者和 *K*-对策者的异同见下表。

特征	*r*-对策者	*K*-对策者
气候	多变，不稳定	稳定，可预测
死亡	无规律，非密度制约	较有规律，密度制约
存活	幼体存活率低	幼体存活率高
数量	时间上变化大，不稳定 远低于环境承载力	时间上稳定 通常接近 *K* 值
种内、种间竞争	多变、通常不紧张	经常保持紧张
选择倾向	发育快 增长力高 加快生育 体型小 繁殖一次	发育缓慢 竞争力强 迟缓生育 体型大 多次繁殖
寿命	较短，通常小于 1 年	较长，通常大于 1 年
最终结果	高生育力	高存活力

3. **答**：种群的逻辑斯谛增长模型有以下特点：处于有限环境，世代重叠，连续性生长，繁殖速率不恒定，无迁入与迁出。

逻辑斯谛增长模型：$\dfrac{\mathrm{d}N}{\mathrm{d}t} = rN\left(\dfrac{K-N}{K}\right)$

式中，$\mathrm{d}N/\mathrm{d}t$ 为种群的变化率；r 为种群的瞬时增长率；N 为种群大小；K 为环境容量。

逻辑斯谛方程和无限环境中种群的指数增长微分方程相比，种群增长由"J"形变成了"S"形曲线，该曲线渐近于 K 值，并且曲线上升是平滑的。

逻辑斯谛曲线常划分为 5 个时期：①开始期，也称潜伏期，由于种群个体数很少，密度增长缓慢；②加速期，随个体数增加，密度增长逐渐加快；③转折期，当个体数达到饱和密度一半（即 $K/2$）时，密度增长最快；④减速期，个体数超过 $K/2$ 以后，密度增长逐渐变慢；⑤饱和期，种群个体数达到 K 值而饱和。

逻辑斯谛方程对生态学的发展有重要作用，主要体现在以下 3 个方面：①该方程是两个相互作用种群增长模型的基础；②该方程也是农业、林业、渔业等生产领域中确定最大持续产量的主要模型；③模型中的参数 r（物种的潜在增殖能力）和 K（环境容量）已成为生物进化对策理论中的重要概念。

4. **答**：植物寄生作用有 5 个特点：①寄生者生物体简化；②具有专性固定器官；③具有非常强大的繁殖能力和强大的生命力；④只寄生于一定的科属中；⑤寄生者与寄主协同进化。

5. **答**：他感作用的意义：①农业上的歇地现象；②造成植物群落的种类组成改变；③植物群落演替的重要原因之一。

6. **答**：生态位在农业生产中的应用：①空间生态位的引入；②不同营养生态位和空间生态位的组合；③在利用自然资源时避免对生态位的争夺，提高资源利用效率。

7. **答**：生物群落的基本特征：①具有一定的种类组成（物种数和个体数）；②具有一定的群落结构（形态结构、生态结构、营养结构）；③具有一定的动态特征（季节动态、年际动态、演替与演化）；④不同物种之间存在相互作用（必须共同适应它们所处的无机环境，它们内部的相互关系必须获得协调和发展）；⑤具有一定的分布范围（特定的地段和特定的生境）；⑥形成一定的群落环境（定居生物对生活环境的改造结果）；⑦具有特定的群落边界特征（明确或不明确的边界）。

8. **答**：边缘效应产生的原因：①在群落交错区往往包含两个重叠群落中所有的一些种以及交错区的特有种；②群落交错区的环境比较复杂，异质性强，两类群落的生物能够通过迁移而交流，不同生态类型植物可定居，从而为更多动物提供食物、巢穴等。

五、论述题

1. **答**：在特定区域内，群落演替各个阶段由一种群落类型转变成另一种群落类型的整个取代顺序，直至顶级群落，这一系列的演替过程就构成了一个演替系列。

原生演替系列根据起始条件的不同可划分为：①旱生演替系列：从裸露岩石表面开始的旱生原生演替系列大致依次经历地衣群落阶段、苔藓植物阶段、草本植物阶段、木本植物阶段 4 个阶段；②水生演替系列：典型的水生演替系列依次是自由漂浮植物阶段、沉水植物阶段、浮叶根生植物阶段、直立水生植物阶段、湿生草本植物阶段和木本植物阶段。

次生演替系列可划分为：①采伐迹地阶段；②灌木群落阶段；③先锋乔木阶段；④顶极群落阶段。

2. **答**：演替中的群落与顶级群落的特征见下表。

群落特征	演替中的群落	顶级群落
总生产量/群落呼吸（B/R）	>1	=1
总生产量/生物量（B/P）	高	低
单位能源维持的生物量	低	高
群落净生产量	高	低
食物链	线状（以牧食食物链为主）	网状（以腐蚀食物链为主）
有机质总量	少	多
无机营养	生物外	生物内
物种多样性	低	高
生化多样性	低	高
层次和空间异质性	简单	复杂
生态位特化	宽	窄
生物大小	小	大

3．**答**：影响群落演替的因素有：①植物繁殖体的迁移、散布和动物的活动性；②群落内部环境的变化；③种内和种间竞争关系的改变；④外界环境条件的改变；⑤人为因素。

4．**答**：当种群数量偏离平衡水平上升或下降时，有一种使种群数量返回平衡水平的作用，称为种群调节。种群调节使种群具有一定的稳定性，能够使种群数量减少波动，保持稳定。在自然界中，种群密度的极端值很少能达到，因为有一系列机制限制着种群的增长。种群调节以种群密度为基础，但有时种群数量的变动与密度无关，而受外界因素的影响。所以，通常把影响种群调节的各种因素分为密度制约因素和非密度制约因素两大类，其对种群的调节作用分别为密度制约作用和非密度制约作用。

①密度制约作用：密度制约因素的作用与种群密度相关。例如，随着种群密度的上升，死亡率增高、或生殖力下降、或迁出率升高。密度制约因素包括生物间的各种相互作用，如捕食、竞争以及动物社会行为等。这种调节作用不改变环境的容纳量，通常随密度逐渐接近上限而加强。

②非密度制约作用：非密度制约因素是指那些影响作用与种群本身密度大小无关的因素。对于陆域环境来说，这些因素包括温度、光照、风、降雨等非生物性的气候因素；对于水域环境则包括水的物理、化学特性等一系列因素。这种调节作用通过环境的变动而影响环境容纳量，从而起到调节作用。

5．**答**：种群数量变动的主要类型：①不规则波动；②周期性波动；③季节消长；④种群的暴发；⑤种群平衡；⑥种群的衰落和灭亡。

种群调节指种群大小的控制或者种群大小所表现的作用限度，目前有外源性学派和内源性学派两类观点。其中，外源性学派的观点有：①生物学派认为种群是一个自我管理系统，必然存在着一个动态平衡密度，而这个密度受生物的捕食、寄生、竞争等选择性因子制约调节；②气候学派认为种群数量是气候因子（如温度、湿度、光照、降雨等主要因子）的函数，气候改变资源的可获性，从而改变环境容量，因此气候是主导因子；③进化学派认为种群调节是在生态系统长期协同进化发展而来的机制，在生态系统进化演变过程中食物因素也对种群具有调节作用，食物短缺是重要的限制因子，主张捕食、寄生、竞争等过程对种群调节起决定作用。

内源性学派的观点有：①行为调节：认为动物社群行为（如社群行为等级和领域性等）是调节种群的一种机制；②内分泌调节：认为种群增长会因生理反馈而得到抑制或停止，从而降低种群压力；③遗传调节：认为种群中的遗传双态或遗传多态现象有调节种群的意义。

6．**答**：它们都可用来描述物种在群落中的地位和作用。

优势种是对群落其他种有很大影响但本身受其他种影响最小的物种，通常个体数量多、投影盖度大、生物量高、体积较大、生活能力较强。

群落的每一个层次都有自己的优势种，但乔木层中的优势种具有构建群落的作用，称为建群种。因此，优势种不一定是建群种，但建群种一定是优势种（乔木层的优势种）。

关键种是一个对它所在的群落或生态系统产生巨大影响，而这种影响相对于多度而言非常不成比例的物种。关键种可能数量稀少，也可能很多。一个关键种在生态系统中的功能比例应远大于其结构比例，而优势种的功能比例与其结构比例通常比较接近。

7．**答**：生物产生集群的原因：①对栖息地的食物、光照、温度、水分等环境因子的共同需要；②对昼夜天气或季节气候的共同反应；③繁殖的结果；④被动运送；⑤个体之间具有社会吸引力而相互吸引。

集群的生态学意义：①有利于提高捕食效率；②可以共同防御敌害；③有利于改变小生境；④有利于某些动物种类提高学习效率；⑤能够促进繁殖。

8．**答**：①记录群落的环境条件，如地理位置、地形状况、海拔高度、坡向、坡度、土壤类型等；②设定样方，在每个样方内记录物种种类，以及每个物种的密度、多度、盖度、频度、高度（长度）、质量等；③计算群落综合指标（如重要值）以及多样性指数。

9. **答：** 生活史对策是指生物在生存活动中获得的生存对策，主要用于生物个体或种群的有效生存和繁殖，有 r-对策和 K-对策两类。本题中川金丝猴选择的是 K-对策。该对策的主要特征是：生物个体生命较长，生育力低下，亲代有良好的保护子代的育幼行为，存活率高，体型较大，但发育慢，种群内的个体把获取的能量大部分用于生长、代谢和增加自身竞争能力，较少用于生殖。

10. **答：** 材料中的演替类型是次生演替，即在次生裸地上发生的群落演替过程，次生裸地的形成因素是农业开垦丢荒。演替过程主要包括：①撂荒迹地；②先锋杂草阶段；③先锋树种阶段；④演替顶极树种定居阶段；⑤演替顶极树种恢复阶段；⑥演替顶极阶段，形成稳定群落。该演替方向为进展演替，即群落演替从先锋群落经过一系列的阶段，向着顶极群落演替的过程。

11. **答：** 种群是指同一物种在一定空间和一定时间内所有个体的集合体，研究该亚洲象群时应关注的核心内容包括：①种群结构——性比、年龄结构等；②种群空间分布——均匀、随机、集群；③种群动态——迁入率、迁出率、出生率、死亡率、增长模型、周期性变化、种群调节；④种内和种间关系，如种内互助、种内竞争、共生、竞争、寄生、捕食等。

12. **答：**（1）这可用奠基者效应来解释。奠基者效应是遗传漂变的另一种形式，是指在建立一个种群时，最初群体的大小与遗传组成对新建立种群遗传结构的影响。

（2）这是生态入侵现象。由于人类有意识或无意识地把某种生物带入适宜于其栖息和繁衍的地区，种群脱离了人类和原栖息地的制约而不断扩大，分布区逐步稳定扩展，影响新栖息地生物的生长。

（3）这是种群周期性波动的例子。周期性波动是指在自然种群中其数量在不同的时间进程中表现出规律性或周期性变动的现象，特点是在条件有利时可大量繁殖及随后显著减少或消失。

（4）这是种群之间的互利共生关系。互利共生是两个物种长期共同生活在一起，彼此相互依赖，双方获利且达到了彼此离开后不能独立生存的一种共生现象。

（5）这可用生态系统的物质循环来解释。在生态系统中，组成生物体的 C、H、O、N、P、S 等化学元素，不断进行着物质循环。落花被微生物分解后，其中的矿质元素又回到了无机环境，能够被植物重新吸收利用。

（6）这是食物链被破坏的例子。因为用网把牧草罩上了，虽然可以预防鸟啄食草籽，但也把吃虫子的鸟挡在了外面，反而成了虫子的"保护网"，导致该生态系统的食物链被破坏，生态系统失去平衡。

（7）这是最小种群原则。对于一些集群生活的动物种类，如果数量太少，低于集群的临界下限，则该动物种群就不能正常生活，甚至不能生存。

（8）这是生物富集能力在种间存在差异的例子，说明食蚊鱼富集 DDD 的能力比鳟鱼更强。

（9）这是化感作用的例子。化感作用是植物分泌的某些化学物质对其他植物生长产生的抑制作用。

第四章 生态系统

一、填空题

1．功能单位；2．非生物、生物；3．结构、功能；4．野外考察、科学实验；5．捕食食物链、碎屑食物链、腐生食物链；6．生物量金字塔、能量金字塔；7．自然生态系统、人工生态系统；8．生物生产；9．沉积型循环；10．营养信息、行为信息；11．加速生态系统的分解过程；12．群落；13．铆钉假说；14．生态系统；15．海陆位置、纬度位置、地形；16．同化量；17．营养结构；18．生物；19．行为信息、识别、报警；20．生产者、消费者

二、名词解释

1．生态系统：是在一定时间和空间内，生物与生物之间以及生物与非生物的成分之间，通过不断的物质循环和能量流动而相互作用、相互依存的统一整体。

2．食物链：植物所固定的太阳能通过一系列的取食和被取食的过程在生态系统内不同生物之间的传递关系称为食物链。

3．食物网：指在生态系统不同的食物链之间，通过各种生物彼此间错综复杂的取食与被取食的食物关系，使得各食物链之间纵横交织，紧密地联结成为极其复杂的网络式结构。

4．生物积累：指同一生物个体在其整个代谢活跃期的不同阶段，生物体内来自环境的元素或难分解的化合物的浓缩系数不断增加的现象。

5．生物浓缩：指生态系统中同一营养级上许多生物种群或者生物个体，从周

围环境中蓄积某种元素或难以分解的化合物，使生物体内该物质的浓度超过环境中的浓度的现象。

6. 生物放大：指在生态系统的食物链中，某种元素或难以分解的化合物在生物机体中的浓度随着营养级的提高而逐步增大的现象。

7. 生态平衡：在任何一个正常的生态系统中，物质循环和能量流动总是不断地进行着，但在一定时期内，生产者、消费者、分解者以及环境之间保持着一种相对的平衡状态，这种平衡状态称为生态平衡。

8. 生态阈限：生态阈限取决于环境的质量和生物的数量。在阈限内，生态系统能承受一定程度的外界压力和冲击，具有一定程度的自我调节能力。

9. ecological efficiencies（生态效率）：是生态系统中食物链的各个营养级之间实际利用的能量占可利用能量的百分比。

三、单项选择题

1. B；2. B；3. C；4. A；5. D；6. B；7. D；8. D；9. D；10. A；11. A；12. D；13. B；14. A；15. C；16. D；17. B；18. A；19. D；20. C；21. C；22. B；23. B；24. A；25. B；26. C；27. D；28. D；29. B；30. A；31. B；32. D；33. B；34. C；35. A；36. C；37. D；38. C；39. C；40. D；41. C

四、判断题

1. √；2. ×；3. ×；4. √；5. √；6. √；7. ×；8. ×；9. √；10. ×；11. √；12. √；13. √；14. ×；15. ×

五、简答题

1. **答：** 生态系统的基本特征是：自我调节功能；具有特定的结构与功能；具有一定的区域特征；生态系统是一个动态的动能系统；具有演变发展的过程；生态系统是一个开放的系统。

2. **答：** 在生态系统中，各类食物链具有以下特点：①在同一条食物链中，常常包含食性和生活习性不相同的多种生物，同一种生物在食物链中可以占据多个不同的营养级位。②在同一个生态系统中，存在多条食物链，它们的长短不同、营养级数目不等，在一系列取食与被取食的过程中，能量在沿着食物链的营养级流动时，都伴随着大量化学能以热能形式消散。因此，自然生态系统中营养级的数目是有限的。一般来说，食物链的环节不会多于 5 个。③在不同的生态系统中，各类食物链所占的比例不同。因为每一个生态系统都有其特有的能量流动、物质传递方式，虽然包含多种食物链，但必有一种或几种占主要地位。④在任一生态系统中，各类食物链总是相互联系、相互制约和协同作用的。当生态系统中某一食物链发生障碍时，可以通过其他食物链来进行调节和补偿。⑤食物链不是固定不变的，它不仅在进化历史上有所改变，在短时间内也会变化。动物在个体发育的不同阶段里，食物的改变也会引起食物链的变化。

3. **答**：（1）生态失调的概念：生态系统的自我调节能力是有一定限度的，当外界干扰超越了生态系统自我调节能力阈限而使其丧失自我调节能力时，称为生态失调。

（2）生态失调的标志：物种数量减少，环境质量降低，生产力衰退，生物量下降等。

4. **答**：生态系统中水体富营养化的原因是能量流动过程中氮、磷元素过度增加。水体富营养化的危害有：水体中藻类数量增多且种类发生变化；水体透明度降低，溶解氧含量减少，水质污染；加速湖泊等水域衰亡过程；藻类、鱼类、贝类等水生生物衰减甚至绝迹；危害人类健康，一些藻类产生的腥臭味是常规饮用水工艺难以去除的，某些藻类还会产生毒素，在生物链中，经过生物放大后，对人体健康产生了重大影响。

5. **答**：因为生态系统中能量是单向流动，逐级递减的，且每一级转化率只有 10%～20%，级别越高的生物生长要更多的能量，而能量总量是不变的，都是生产者所固定的能量。所以一般情况下，营养级越高生物量越少。

6. **答**：生态效率是生态系统中的能量从一个营养级到另一个营养级，在各个营养级上，能量的利用率称为生态效率。不同食物链中营养级之间的生态效率是不同的，同一食物链的不同营养级或同一营养级的不同点上的生态效率也时常不同。

生态金字塔是指把生态系统中各个营养级有机体的个体数量、生物量或能量按营养级位顺序排列并绘制成图，形似金字塔，分为能量金字塔、生物量金字塔和数量金字塔 3 类。

7. **答**：（1）单向流动的根据：①食物链大多是捕食链，捕食关系不可逆；②生产者和消费者的呼吸作用释放的热能，散失到大气中，生物体不能利用。生产者和消费者的遗体等被分解者所分解也不能被下一营养级利用；③生产者和消费者总有未被利用的（羊吃草不能吃掉所有的草），所以能量流动是单向的，不循环的，而且还逐级递减。

（2）能量在生态系统中流动的渠道：能量流动是指通过食物链和食物网进行能量输入、能量传递、能量散失的过程。能量输入指生态系统中能量流动的起点是生产者（主要是植物），通过光合作用固定的太阳能开始的；能量传递指生态系统能量流动中，能量以"太阳光能→生物体内有机物中的化学能→热能散失"的形式变化。能量在食物链的各营养级中以有机物（食物）中化学能的形式流动；能量散失指生态系统能量流动中能量散失的主要途径是通过食物链中各营养级生物本身的细胞呼吸及分解者的细胞呼吸，主要以热量的形式散失。

8．答：（1）碳的全球循环及其特点：绿色植物通过光合作用将吸收的太阳能固定于碳水化合物中，这些化合物再沿食物链传递并在各级生物体内氧化放能，从而带动群落整体的生命活动。自然界有大量碳酸盐沉积物，但其中的碳却难以进入生物循环。植物吸收的碳完全来自气态 CO_2。生物体通过呼吸作用将体内的 CO_2 作为废物排入空气中。翻耕土地也使土壤中容纳的一部分 CO_2 释放出来，腐殖质氧化产生的 CO_2 更多。燃烧煤炭和石油等燃料也能产生 CO_2，特别是工业化以后，以这种方式产生的 CO_2 量逐渐增大，甚至超过来自其他途径的 CO_2 量。大气中的 CO_2 浓度一方面因植物的减少而降低，另一方面又因上述燃料使用量的增加而增多，所以浓度有增加的趋势。但海水中可以溶解大量 CO_2 并以碳酸盐的形式贮存起来，因此可以帮助调节大气中 CO_2 的浓度。

（2）氮的全球循环及其特点：虽然大气中富含氮元素（79%），但植物不能直接利用，只有经固氮生物（主要是固氮菌类和蓝藻）将其转化为氨（NH_3）后才能被植物吸收，并用于合成蛋白质和其他含氮有机质。在生物体内，氮存在于氨基中，呈 -3 价。在土壤富氧层中，氮主要以硝酸盐（+5 价）或亚硝酸盐（+3 价）形式存在。土壤中有两类硝化细菌，一类将氨氧化为亚硝酸盐，另一类将亚硝酸盐氧化为硝酸盐，两类都依靠氧化作用释放的能量生存。除了与固氮菌共生的植物（主要为豆科）可能直接利用空气中的氮转化的氨外，一般植物都是吸收土壤中的硝酸盐。植物吸收硝酸盐的速度很快，叶和根中有相应的还原酶能将硝酸根逆行还原为 NH_3，但这需要供能。土壤中还有一类细菌为反硝化细菌，当土壤中缺氧而同时有充足的碳水化合物时，它们可以将硝酸盐还原为气态的氮（N_2）或一氧化二氮（N_2O）。

（3）磷的全球循环及其特点：磷循环属于沉积型循环。通过磷素的分化和开采进入土壤，并通过地表径流等途径进入水体，以磷酸盐溶液形式被植物吸收，剩余的磷导致水体富营养化。水体中磷素可以通过鸟类和鱼类回归土壤或通过沉积过程以磷酸盐形式贮存于沉积物中，但土壤中的磷酸根在碱性环境中易与钙结合，酸性环境中易与铁、铝结合，都形成难以溶解的磷酸盐，植物生物地球化学循环不能利用。而且磷酸盐易被径流携带而沉积于海底。磷质离开生物圈即不易返回，除非有地质变动或生物搬运。因此磷的全球循环是不完善的。磷与氮、硫不同，在生物体内和环境中都以磷酸根的形式存在，因此其不同价态的转化都无须微生物参与，是比较简单的生物地球化学循环。

（4）硫的全球循环及其特点：硫主要以硫酸盐的形式贮存于沉积物中，以硫酸盐溶液形式被植物吸收。沉积的硫在土壤微生物的帮助下可转化为气态的硫化氢（H_2S），再经大气氧化为硫酸（H_2SO_4）复降于地面或海洋中。与氮相似的是，硫在生物体内以–2 价形式存在，而在大气环境中却主要以硫酸盐（+6 价）形式存在，因此在植物体内也存在相应的还原酶系。在土壤富氧层和贫氧层中，分别存在氧化和还原两种微生物系，可促进硫酸盐与水之间的相互转化。

9. 答：（1）生态系统的信息具有的特点：能量流动是单向流动，逐级递减；物质循环具有全球性，反复运动；物质是能量流动的载体；能量是物质循环的动力；信息传递能调节生物的种间关系，维持生态系统的稳定。在生态系统的功能中，物质流是可循环利用的，能量流是单向的、不可逆转的，信息流是双向的。

（2）信息传递的类型：信息传递有四种类型，分别是物理信息、化学信息、营养信息和行为信息。

10. 答：地球上生态系统类型：根据生态系统的环境性质和形态特征把生态系统划分为陆地生态系统和水生生态系统两大类。陆地生态系统根据植被类型和地貌不同，分为森林、草原、荒漠、湿地、冻原等类型；水生生态系统根据水体的理化性质不同，又分为淡水生态系统和海洋生态系统。

（1）森林生态系统具有如下特点：①物种繁多、结构复杂具有最丰富的生物资源和基因库；层次多、营养结构极复杂；②类型多样以经度、纬度分布和垂直分布；③系统稳定性高；④物质循环的封闭程度高；⑤生产力高、现存量大，对环境影响大。

（2）草原生态系统具有如下特点：①所处地区的气候大陆性较强、降水较少、年降水量一般在 250～450 mm，而且变化幅度较大；②蒸发量往往都超过降水量，晴朗天气多，太阳辐射总量较多；③初级生产者的组成主体为草本植物，大多都具有适应干旱气候的构造，如叶片缩小、有蜡层和毛层，借以减少蒸腾，防止水分过度损耗。

（3）荒漠生态系统具有如下特点：①荒漠生态系统是地球上自然条件极为严酷的生态系统之一，极端干旱，降水量很小而蒸发量极大；②夏季昼夜温差大，冬季严寒；③植被十分稀疏，以超强耐旱并耐寒的小乔木、灌木和半灌木为主；④物种多样性极为贫乏，生物量很低，生产力极其低下。

（4）湿地生态系统具有如下特点：①湿地分布广，形成不同的类型，北半球的分布多于南半球。北半球多分布在欧亚大陆及北美洲的亚北极带、寒带和温带地区。南半球湿地面积小，主要分布于热带和部分温带地区；②在生物多样性保护和蓄水、调节气候、污染物吸收等方面具有独特功能的系统。

（5）冻原生态系统具有如下特点：①生态环境极其恶劣，低温、生物种类贫乏、生长期短、降水量少；②苔原植物具有一系列的抗寒和抗干旱生理学特性，许多植物在严寒中营养器官不受损伤，有的植物在雪下生长。苔原植物通常是多年生植物。苔原动物种类较少，主要是大型食草动物，在生理上具有抗寒特点。

（6）淡水生态系统具有如下特点：①淡水生态系统水的来源主要靠降水补给，盐度低；②根据流速不同，形成流水生态系统和静水生态系统。

（7）海洋生态系统具有如下特点：①海洋环境均一性，生态类型比较单一，植物以孢子植物为主，主要是各种藻类；②海洋生物的生产力大大低于陆地生态系统，约为陆地的1/5。

11. **答**：（1）初级生产又称为植物性生产或第一性生产，是指生产者（绿色植物）通过光合作用源源不断地把太阳能转化为化学能的过程；次级生产又称为第二性生产，是指除初级生产以外的其他有机体的生产，即消费者和还原者利用初级生产物质进行同化作用生产自身和繁衍后代的过程。

（2）生态系统中生物生产的意义：太阳能通过绿色植物的光合作用转化为化学能，再经过动物生命活动利用转变为动物能的过程，这个过程包括初级生产和次级生产两个过程，这两个过程彼此联系，又分别独立地进行物质和能量的交换。

六、论述题

1. **答**：（1）物质的生物地球化学大循环的概念：物质循环就是生物地球化学大循环，各种无机物从环境中被生产者吸收，再进入消费者，各种有机物最终分解成无机物返回环境中，无机物被生产者重新利用吸收又变成有机物，周而复始、无穷无尽的过程。

（2）基本类型：一是水循环，以水的形式进行，这种循环具有局限性，但没有水循环就没有生命；二是气相型循环，它把大气和海洋联系起来，因此具有全球性；三是沉积型循环，主要存在于岩石圈和土壤圈中，由于风化作用使岩石本身分解出的物质参与了生态系统循环。各种元素在生态系统中有各自不同的循环，构成了自然界的物质循环。

（3）特点：①物质地球化学运动是循环的。②生物地化循环在受人类干扰以前一般是处于一种稳定的平衡状态。③用库和流通率来描述，库是由存在于生态系统成分中一定数量的某种化学物质所构成的；流通率是物质在生态系统单位面积（单位体积）和单位时间的移动量。④元素和难分解的化合物常发生生物积累、生物浓缩、生物放大的现象。

2. **答**：（1）概念：是在一定时间和空间内，生物与非生物的成分之间，通过不断的物质循环和能量流动而互相作用、互相依存的统一整体。

（2）组成：生态系统由生命成分和非生命成分组成，生命成分指生产者、消费者和分解者，非生命成分指能量、物质、气候等。

（3）结构：物种结构、营养结构、空间结构和时间结构。

（4）功能：自然生态系统由生物生产、物质循环、能量流动和信息传递 4 个方面构成了生态系统整体的基本功能。生物生产是指太阳能通过绿色植物的光合作用转换为化学能，再经过动物生命活动利用转变为动物能的过程。生物生产包括初级生产和次级生产两个过程。在生态系统中，这两个生产过程彼此联系，但又分别独立地进行物质和能量的交换。物质循环是指各种物质和元素从环境到生物，又从生物到环境往返不停地运动，根据多种物质进行循环的特点，可将物质循环分为水循环、气体型循环和沉积型循环 3 种基本类型。能量流动是指太阳辐射等外界能量进入生态系统后，不断地从一个营养级转移到另一个营养级的过程。生态系统中能量流动是单向、逐级递减的，遵循林德曼十分之一定律。生态系统的信息传递是指生态系统中产生的大量、复杂的信息，经过信息通道不断传递、交流和反馈的过程。生态系统中的信息大致可分为物理、化学、行为和营养四大类。

3. **答**：反馈在生态平衡中的作用：当生态系统中某一成分发生变化时，必然会引起其他成分出现一系列相应的变化，这些变化反过来影响起初发生变化的成分。生态系统这种作用过程称为反馈。如生物的生长、种群数量的增加促进或加速最初引发其变化的那种成分进一步发生变化，其结果常常使生态系统进一步远离平衡状态或稳态，这种现象属于正反馈；种群数量调节，密度制约作用是使生态系统达到平衡状态或稳态，这是负反馈的体现。

生态系统通过反馈维持稳态的途径：①反馈机制，在生态系统中生物利用正、负反馈机制来接近"目标"；②自我的调节能力，当生态系统受到外界干扰破坏在一定程度范围内，一般都可通过自我的调节（包括抵抗力和恢复力）使系统得到恢复。

4. 答：（1）概念：生态系统是一个动态系统，在任何一个正常的生态系统中，物质循环和能量流动总是不断地进行着，但在一定时期内，生产者、消费者、分解者以及环境之间保持着一种相对的平衡状态，这种平衡状态就称为生态平衡。

（2）特点：系统结构的优化与稳定性、能量和物质循环流的收支平衡、自我恢复和自我调节能力的保持，具备这3个要素即达到生态平衡。

（3）生态学意义：

①相互制约与相互依赖规律。相互制约与相互依赖是构成生态系统的基础。在生态系统中，各种生物个体的大小和数量之间存在一定的比例关系。生物间的相互制约作用，使生物保持数量的相对稳定，这是生态平衡的一个重要方面，在同一环境中的物种越多，该生态系统也越稳定。

②物质循环转化与再生规律。自然界通过植物、动物、微生物和非生物成分，一方面不断地合成新的物质，另一方面又同时分解为原来的简单物质，重新被植物所吸收，进行着不停顿的新陈代谢作用。但是，如果人类的社会经济活动过于强烈，超过了生态系统的调节限度，就会出现区域性或全球性的物质循环失调现象，给人类造成难以补救的恶果。

③物质的输入与输出平衡规律。当一个自然生态系统不受人类活动干扰时，生物与环境之间的输入与输出是相互对立统一的关系。生物进行输入时，环境必然进行输出。生物体一方面从周围环境摄取物质，另一方面又向环境排放物质，以补偿环境的损失。对于一个稳定的生态系统，无论对生物、环境，还是对整个生态系统，物质的输入与输出总是保持相对平衡。

④相互适应与协同进化规律。生物与环境之间，存在着作用与反作用的过程，生物影响环境，反过来环境也影响生物，生物从环境中吸收水分与营养物质，同时把排泄物与尸体中相当数量的水分和影响元素归还给环境，最后获得协同进化结果。但是，如果因某种原因损害了生物与环境之间的相互补偿与适应的关系，例如，某种生物过度繁殖，则会因环境物质供应不及时而造成生物的饥饿死亡。

⑤环境资源的有效极限规律。自然界中存在的、作为生物赖以生存的各种环境资源都具有一定的限度，不能无限制地供给。所以人类在利用环境资源时必须合理、科学，如果仅顾眼前利益，掠夺式地开发利用，必将破坏生态平衡。

以上5条生态学规律，也是生态平衡的基础。生态平衡以及生态系统的结构与功能，又与人类当前面临的人口、粮食、资源、能源和环境五大问题密切相关，解决这些问题正是环境生态学的主要任务之一。

5．答：（1）食物链的含义：植物所固定的太阳能通过一系列的取食和被取食的过程在生态系统内不同生物之间的传递关系。

（2）食物网的含义：在生态系统中，生产者、消费者、分解者各种不同的食物链之间，通过各种生物彼此间错综复杂的取食与被取食的食物关系，以营养为纽带使得各食物链之间纵横交织，紧密地联结成为极其复杂的网络式食物链结构。

（3）营养级的含义：把具有相同营养方式和食性的生物归为同一营养层次，并把食物链中的每一个营养层次称为营养级。营养级就是处于食物链某一环节上的所有生物的总和，可以反映处于某一营养层次上的一类生物和另一营养层次上的另一类生物之间的关系。

（4）食物链的类型：根据能流发端、各种生物之间的食性及取食方式不同，可以将生态系统中的食物链分成四种类型，即捕食食物链、碎屑食物链、腐生性食物链、寄生性食物链。

（5）食物链在生态系统中的意义：食物链不仅是生态系统中物质循环、能量流动、信息传递的主要途径，也是生态系统中各项功能得以实现的重要基础。食物链结构中各营养级生物种类多样性及其食物营养关系的复杂性，是维护生态系统稳定性和保持生态系统相对平衡与可持续性的基础。

6．答：森林生态系统对改善生态环境的重要作用：森林是环境的净化器；森林可调节气候，涵养水源，防止水土流失；森林能够防风固沙；森林是巨大的生物资源库；森林中的植物吸收二氧化碳，减轻温室效应等。

7．答：①太阳能只有通过生产者的光合作用才能输入生态系统，然后为其他生物所利用；②生产者合成的有机物成为其本身和地球上包括人类在内的其他一切异养生物的食物来源；③生态系统中的消费者和分解者都是直接或间接以生产者提供的能量而生存的，没有生产者就不会有消费者和分解者。

8．答：①森林生态系统是陆地生态系统中面积最大、最重要的自然生态系统，物种繁多，结构复杂，森林植物光合作用过程中需要吸收大量的二氧化碳，这是固定大气二氧化碳最经济且副作用最小的方法；②森林生态系统在全球各地区都有分布，并根据水热条件的不同具有经度、纬度和垂直地带性，在不同植被类型中，森林被认为是最有效的固碳方式；③森林生产力高，现存量大，森林生物量约占陆地生物量的90%，其土壤碳储量约占全球土壤碳储量的70%。

9. 答：生态系统类型有很多，如森林、草原、荒漠、海洋、湖泊、河流、湿地、土壤、岩溶等，其中的生产者能固定空气中的二氧化碳，各类生态系统对碳的利用是碳中和的途径之一。巩固和提升生态系统碳汇增量的具体措施主要有：①巩固生态系统碳汇能力的措施：强化国土空间规划和用途管控，严守生态保护红线，严控生态空间占用，稳定现有森林、草原、湿地、海洋、土壤、冻土、岩溶等的固碳作用；严格控制新增建设用地规模，推动城乡存量建设用地盘活利用；严格执行土地使用标准，加强节约集约用地评价，推广节地技术和节地模式等；②提升生态系统碳汇增量的措施：实施生态保护修复重大工程，开展山水林田湖草沙冰一体化保护与修复；深入推进大规模国土绿化行动，巩固退耕还林还草成果，实施森林质量精准提升工程，持续增加森林面积和蓄积量；加强草原生态保护修复；强化湿地保护；整体推进海洋生态系统保护和修复，提升红树林、海草床、盐沼等固碳能力；开展耕地质量提升行动，实施国家黑土地保护工程，提升生态农业碳汇；积极推动岩溶碳汇开发利用等。

第五章 环境污染与生态修复

一、填空题

1. 粗糙程度；2. 气孔；3. 质体流途径；4. 独立作用；5. 交换态；6. 拒绝吸收；7. 生物修复；8. 生物迁移；9. 协调与平衡原理；10.《寂静的春天》；11. 人、自然；12. 消化道、呼吸道

二、名词解释

1. 污染物：进入环境后使得环境的组分发生变化，直接或间接有害于生物生长、发育和繁殖的物质。

2. 拮抗作用：拮抗作用是两种或两种以上化学物质同时作用于生物体，其联合作用的毒性小于单个化学物质毒性的总和。

3. 重金属：重金属是指密度大于 5 g/cm³ 的金属元素。约有 45 种元素，常把

汞、镉、铬、铅、砷称为"五毒"元素。

4. 耐性：生物对各种不良环境具有一定的适应性和抵抗力，称为生物的耐性。

5. 农药污染：指长期不合理、超剂量使用农药，使得害虫和病原菌种群抗药性逐年增强，而提高农药使用浓度、增加用药次数，致使农产品中农药残留量较高，造成对环境的污染，直接危害人类健康。

6. 生态修复：以生态学原理为指导，在适当的人工措施辅助下，利用大自然的自我修复能力，恢复生态系统的保持水土、调节小气候、维护生物多样性的生态功能和开发利用等经济功能。

7. 异质性：是指生态学过程和格局在空间分布上的不均匀性及其复杂性。

8. 采矿废弃地：是指在采矿、选矿和冶炼过程中被破坏或污染的，非经治理而难以使用的土地。

9. effective dose or effective concentration（效应浓度）：在某一期限内导致某一特殊反应的毒物剂量或浓度。

10. phytoextraction（植物提取）：指利用一些对重金属具有较强富集能力的特殊植物从土壤或水体中吸取重金属，将其转移、贮存到地上部并通过收获植物地上部而去除土壤或水体中污染物的一种方法。

11. self-design theory（自我设计理论）：指认为只要有足够的时间，退化生态系统将根据环境条件合理地组织自己并会最终改变其组分。

12. microplastics pollution（微塑料污染）：指以微粒形式直接排放或由大块塑料进入环境后，经过长时间的物理、生物和化学过程降低塑料碎片的结构完整性，导致塑料碎片化而产生的微塑料，这些微塑料对环境质量和生物产生一定的影响，而且通过食物链直接或间接对人体健康产生危害。

三、单项选择题

1. A；2. C；3. B；4. A；5. D；6. C；7. B；8. C；9. D；10. D；11. C；12. D；13. A；14. C；15. A；16. C；17. A；18. D；19. D；20. B；21. B；22. C；23. B；24. B；25. D；26. A；27. A；28. D

四、判断题

1. ×；2. ×；3. √；4. ×；5. √

五、简答题

1. **答**：污染物性质：污染物是指进入环境后使得环境的组分发生变化，直接或间接有害于生物生长、发育和繁殖的物质。污染物具有以下特点：必须在特定的环境中达到一定的数量或浓度；持续一定的时间；具有易变性。

生物对污染物的抗性实现途径：拒绝吸收，结合钝化，代谢转化，排出体外，改变代谢途径等过程。

抗性机制涉及以下两个层次：外部排斥和内部忍耐，一是通过形态学机制、生理生化机制、生态学机制等将污染物阻隔在体外；二是通过结合固定、代谢解毒、区隔化作用等过程将污染物在体内富集、解毒、形成抗性。

2. **答**：重金属污染广泛存在于土壤、水体和大气环境中，对环境造成严重的危害，重金属对环境的污染特点有以下 5 个：①产生毒性的浓度范围较小，一般在水体中为 1～10 mg/L 就可以产生毒性，汞和镉产生毒性的浓度范围为 0.001～0.01 mg/L；②一般情况下，重金属不能被微生物降解，只能发生形态的转化；③重金属的毒性与存在的形态和价态有关；④重金属污染多为复合污染。重金属的来源较为复杂，常以无机和有机混合物的形式进入环境，同时含有多种重金属；⑤重金属可以通过食物链进行生物放大进入人体，对人体产生慢性中毒。

3. **答**：重金属超累积植物，或超富集植物，主要是指能在植物体内超量积累重金属元素的植物。

筛选重金属超累积植物的基本标准为：①植物地上部分的重金属含量超过一定的阈值，如 Cd 含量大于 100 mg/kg，Pb、Co、Cu、Ni、Cr 含量大于 1 000 mg/kg，Zn、Mn 含量大于 10 000 mg/kg；②植物的富集系数大于 1，即植物体内该元素含量大于土壤中该元素的含量；③植物的转运系数大于 1，即植物地上部分的含量高于根部；④植物地上部分的含量即植物叶片或地上部分超过一般植物 10～10 000 倍，且植物能够正常发育生长完成一个生命周期。

4. **答**：污染物进入植物体内可以通过地下根部和地上茎叶部分。地下根部吸收污染物后，一部分截留于根中，另一部分随蒸腾流而输送到植物各部分。植物根部吸收的污染物运输过程，一般认为穿过根表面的无机离子到达内皮层可能有两种通道：第一条为质外体通道，即无机离子和水在根内横向迁移，到达内皮层是通过细胞壁和细胞间隙等质外空间；第二条是共质体通道，即通过细胞内原生质流动和通过细胞之间相连接的细胞质通道。污染物可以从根部向地上部运输，通过叶片吸收的污染物也可从地上部向根部运输。不同的污染物在植物体内的迁移、分布规律存在差异。由于污染物具有易变性，可通过不同的形态和结合方式在植物体内运输和储存。

5. 答：根际环境影响重金属从土壤到植物根部转移主要体现在以下几个方面：①植物根系分泌金属-螯合物分子进入根际，螯合、溶解"土壤结合态"金属；②植物的根通过原生质膜专性结合的金属还原酶来还原"土壤结合态金属离子"；③植物通过根部释放质子来酸化土壤环境，从而溶解重金属。总之，根系分泌物（H^+、有机酸、植物螯合肽、酶等）通过酸化、还原或螯合等促进土壤重金属的溶解和根系的吸收。

6. 答：对生物产生的毒害程度起重要作用的主要特征为：①重金属离子的价态，如3价砷的毒性远比5价砷高，前者约为后者的5倍。这是因为无论是有机或无机3价砷对—SH都有很强的亲和力，并能阻断大多数—SH基酶及脂酸类，特别是有机态3价砷的阻断能力比无机态的强；而5价砷同—SH不发生反应，这是由于它的化学特性类似于磷酸，在体内能和磷酸拮抗，形成不稳定的砷化合物，然后分解。

②对生物的影响，还取决于金属的特性。按照 Tranton 的法则，以蒸发潜热表示化合物的凝聚力，即越是沸点低的金属，其凝聚力越小，每个分子和原子都易于分离。为了使金属进入机体或与机体发生反应，首先要使分子和原子进行弥散。所以，越是沸点低的金属越易发生弥散；同时金属沸点越低，与一般有机物的沸点差就越小，它们相互间作用的可能性就越大。

③对生物的毒害还与离子化电压有关。因为离子化电压的值是以物质在神经调节的作用下，能否通过细胞膜作为标准。如碱性金属为4～5V低电压，在进入细胞的过程中，受到细胞膜的严密调节和控制；铝、镓、铟等3价金属是5V电压，也极难进入机体；重金属中的汞、镉、锌之所以容易进入机体是由于有9～10V的高电压；贵金属气体则有11～24V高压，它不受任何调节能自由出入机体。因此，可认为离子化电压越高，对生物潜在的毒性就越大。

④离子的毒性和离子的价数相关。金属阳离子的偶数价离子对机体的亲和性高，奇数价的亲和性则相对较低，尤其是3价阳离子在正常的生理状态下易被排出体外；阴离子则相反，奇数价的离子亲和性高，偶数价的则低。从空间结构看，以正四面体为结构的元素其亲和力就高。即使同样是匹配位的，形成平面结构的镍白金等却有致癌、致畸作用。

7. **答:** 污染物能影响植物根系对土壤中营养元素的吸收,原因:一是污染物能改变土壤微生物的活性,也能影响酶的活性;二是污染物能抑制植物根系的呼吸作用,影响根系的吸收能力。

8. **答:** 污染物对植物蒸腾作用有明显的影响。在低浓度刺激下,细胞膨胀、气孔阻力减少,蒸腾加速。当污染物浓度超过一定值后,可能诱发脱落酸(ABA)浓度增加,使得气孔阻力增加或气孔关闭,蒸腾强度降低。如浓度太高,叶伤斑面积扩大,导致蒸腾急剧下降。这种情况下随毒物浓度升高,蒸腾比率按比例降低。

9. **答:** 污染物影响植物叶绿素的机制:①重金属进入叶绿体内在局部部位积累过多,直接破坏叶绿体结构及其功能;②重金属间接地通过拮抗作用干扰了植物对铁、锌的吸收、转移,阻碍了营养元素向叶的输送,使之丧失了合成叶绿素的能力;③重金属使叶绿素酶活性增加而使叶绿素分解。

六、论述题

1. **答:**(1)我国农药污染的特点

①我国农药污染面积大,影响范围广。我国是一个农业大国,农药使用品种多,用量大,其中 70%~80% 的农药直接撒落到环境中,对大气、水体、土壤和农产品造成污染,并进一步进入食物链,对整个环境生物和人类自身都有影响。

②产生危害的农药以高毒、具潜在毒性和高效、超高效农药为主。我国目前大量生产使用的农药中高毒和具潜在"三致"作用的品种仍占一定比例。近 20年来发生的农药中毒事故大多集中于有机磷和氨基甲酸酯等高毒杀虫剂,尤其以甲胺磷、对硫磷、甲基对硫磷、乐果、氧化乐果、水胺硫磷、呋喃丹等居多。

③我国农药污染趋势不容乐观。虽然我国自 1983 年对有机氯农药停止生产和限制使用,但有机氯农药重污染区仍出现局部的、间歇性污染。

(2)农药污染对生态环境的影响

进入大气、水体和土壤中的农药,通过生物的吸收和积累,进而对生物造成直接或间接的影响和危害。

①农药对大气的污染。农药污染大气的途径主要包括:a. 喷洒农药时药剂微颗粒漂浮于空气中或被空气中的漂浮尘埃所吸附;b. 喷洒于作物表面的农药蒸发进入大气;c. 土壤表面残留的农药向大气挥发扩散。

②农药对水体的污染。农药对水体污染的途径主要包括:a. 为防治水体害虫

直接向水体喷洒农药；b. 农田喷洒的农药进入水体中；c. 大气中残留的农药随降水或尘埃落入水体；d. 植物或土壤黏附的农药，经水冲刷或溶解进入水体；e. 施药工具或器械的清洗可污染水体；f. 生产农药的工业废水或含有农药的污水污染水体。

③农药对土壤的污染。农药对土壤污染的途径主要包括：a. 农药直接撒入土壤中用于消灭土壤中的病菌和害虫；b. 施用于田间的各种农药大部分落入土壤中，附着于植物体上的部分农药因风吹雨淋落入土壤中；c. 使用农药浸种、拌种等，通过种子携带的方式进入土壤；d. 死亡的动植物残体或灌溉污水将农药带入土壤；e. 大量洒在或蒸发到空气中的农药，一旦降雨，随雨水降落到土壤。

2. **答**：影响植物吸收、迁移污染物的因素：①植物种的生物学、生态学特性；②污染物的种类及其形态差异；③土壤 pH、氧化还原电位、阳离子交换量、有机质、土壤质地等；④污染物间的相互作用，即相加作用、协同作用、独立作用、拮抗作用。

生物对污染物吸收、富集与污染物对生物毒害有如下关系：

第一，生物对污染物的吸收。①植物，叶片气孔对大气污染物的黏附和吸收；植物的根和叶对水溶性的污染物的吸收。②动物，通过呼吸道、消化道、皮肤等途径将少量的污染物吸收，通过体内肺泡的吞噬、肠道黏膜的吸收等。③微生物，吸收污染物的主要方式是沉淀作用和络合作用，将有毒的污染物转化为微毒害或无毒化合物。

第二，在吸收的基础上，当达到一定数量无法转化时就会富集。①生物体内凡是能与污染物形成稳定结合的物质，都能增加生物富集，从而消除或缓解毒害作用；②不同器官对污染物的富集有很大差异，不同物种对污染物的吸收积累状况也不同；③生物体内污染物的富集量与环境中污染物的浓度呈正相关，同时也受作用时间的影响；④生物体内对污染物的富集作用是随着食物链的营养级的增加，富集量逐渐增多，污染物在体内的含量也就越来越多。

第三，污染物对生物的毒害作用必须建立在生物体吸收和富集污染物的基础上。

3. **答**：对重金属毒害机制研究深入分子水平主要从生物活性点位、重金属对生物毒性效应的分子机制，重金属离子对生物大分子活性点位的竞争及其与金属生物毒性的关系方面进行论述。

第一种解释是生物活性点位。生物活性点位是生物大分子中具有生物活性的基团和物质。当污染物（如重金属）和生物大分子上的活性点位结合，也可以和其他非活性位点结合后，在一定的情况下对生物产生毒性。

第二种解释是重金属对生物毒性效应的分子机制的解释。当污染物（毒金属离子）进入生物体后，取代生物大分子活性点位上原有的金属，也可以结合在该分子的其他位置。当有毒金属离子与生物大分子上的活性点位或非活性点位结合后，可以改变生物大分子正常的生理和代谢功能，使生物体表现中毒现象甚至死亡。

第三种解释是重金属离子对生物大分子活性点位的竞争。进入体内的重金属离子在组织器官和亚细胞结构中重新分配，使重金属在细胞质大分子之间发生迁移，从而改变重金属对生物的毒性。

根据污染物对生物产生的毒性作用大小判断发生毒害的情况，将污染物浓度分为：①安全浓度，生物与某种污染物长期接触，仍未发现受害症状；②最高允许浓度，生物在整个生长发育周期内，或者是对污染物最敏感的时期内，该污染物对生物的生命活动能力和生产力没有发生明显影响的浓度；③效应浓度，超过最高允许浓度，生物开始出现受害症状，接触毒物时间越长，受害越重；④致死浓度，当污染物浓度继续上升到某一定浓度，生物开始死亡。

4. 答：拮抗作用是两种或两种以上化学物质同时作用于生物体，其联合作用的毒性小于单个化学物质毒性的总和；化学元素之间出现拮抗目前有 5 种解释：①两元素之间由于直接发生化学反应而产生拮抗；②破坏金属酶的辅基或金属蛋白的蛋白质活性基团而产生拮抗；③使金属酶反应体系受阻而产生拮抗；④相似原子结构的元素有机络合物中互相取代而造成的拮抗；⑤相似化学特征的元素互相取代而造成的拮抗。

决定元素之间的拮抗关系的因素：①植物种的生物学、生态学特性；②污染物的种类及其形态差异；③土壤 pH、氧化还原电位、阳离子交换量、有机质、土壤质地等。

研究元素之间的拮抗关系对于了解各元素对生物的毒害作用及解毒机制，有极其重要的意义。此外，研究元素之间的拮抗和协同关系在环境评价工作中也有重要的理论意义和实用价值。

5. 答：农业生产中减少植物对土壤中污染物质的吸收：①土壤类型和特性不同，能影响植物根系对污染物的吸收。某些重金属常形成络合物，其溶解度提高后，增加根系对它的吸收；②土壤中有机质含量越多，提供了更多能沉淀、络合污染物的基团，从而对污染物吸附能力越强，根系吸毒量就越少；③不同类型的金属离子，被土壤吸附的数量、强弱是不同的。黏土矿物、蒙脱石和高岭石对金属离子吸附都有差异。金属离子被土壤胶体吸附是它们从液相转入固相的重要途径之一。金属元素若被吸附在黏土矿物表面交换点上，则较易被交换，如被吸附在晶格中，则很难被释放；④金属离子形成有机螯合物后，植物对它们的吸收主要取决于所形成螯合物的溶解性；⑤土壤对农药的吸附作用，有物理和物理化学吸附两类。其中主要是物理化学吸附（或称离子交换吸附）；⑥根据土壤能吸附、螯合、络合污染物的特点，可以从改良土壤入手以减少植物对污染物的吸收；⑦添加腐殖质等土壤改良剂能影响重金属形态的变化，进而影响植物的吸收。

6. **答**：在农林业生产过程中对害虫进行生物防治的方法：①利用天敌防治，如捕食性生物、寄生性生物和病原微生物等；②利用作物对病虫害的抗性，选育具有抗性的作物品种防治病虫害；③改变农业环境，减少有害生物的发生，如改变耕作制度、不育昆虫防治和遗传防治；④喷施微生物杀虫剂，如细菌、病毒、真菌等。

7. **答**：该图反映的是砷处理对两种植物蜈蚣草（*Pteris vittata*）和颤叶凤尾蕨（*Pteris tremula*）叶片干重的影响。随着砷处理水平的增加两种植物叶片干重逐渐降低。在 250 mg/kg 处理下，颤叶凤尾蕨死亡。颤叶凤尾蕨对砷处理更加敏感，叶片干重的降低程度更大。砷处理对两种植物的叶片干重均表现出低促高抑的现象，25 mg/kg 处理下，比低浓度处理有一定的增加。

8. **答**：①严格水稻种植地的土壤环境管理，尽可能切断外源污染物的输入，严禁用含镉污水灌溉；②加强低吸收镉水稻品种的选育；③合理施加碱性外源物质，提高土壤 pH，降低土壤镉的生物有效性；④合理施用有机肥，降低镉的活性，降低含镉肥料的使用；⑤加强稻田水分管理，如淹水管理可降低稻田土壤的氧化还原电位，促进 CdS 沉淀的形成；⑥在严重污染的耕地上禁种稻米等粮食作物，并且采取措施治理土壤污染，或者改变土地用途，切断镉进入人体的通道。

9. **答**：①该图是作者在两种不同重金属含量（高和低）的土壤上种植植物天蓝遏蓝菜，研究不同土壤 pH 对该植物地上茎干重的影响；②在高污染土壤上，该植物在酸性条件下生长最好，最适 pH 是 4.74；但当 pH 升高至 7.27 时，植物可能已经死亡，测不到生物量；③在低污染土壤上，该植物生长的最适 pH 是 6.07；④不同土壤重金属含量和 pH，对该植物的生物量有明显影响；⑤该图的不足是在图上没有标注统计分析结果。

10. 本题主要考查学生对植物修复和微生物修复技术的了解，故不拟定标准答案。只要围绕一个熟悉的受污染环境，找准其存在的目标污染物，进行植物修复、微生物修复和植物-微生物联合修复均可。植物修复应根据实际考虑植物萃取、根际过滤、植物固化、植物辅助生物修复、植物转化等技术手段，微生物修复应注意考虑菌种的筛选、对污染物的耐性和降解等。

11．本题旨在考查学生对生态工程设计原理和方法的掌握，故不拟定标准答案，但要体现出生态工程的整体、自生、循环等核心原理，设计的方案应能达到目的，如果有框图表示设计的思路和体现物种之间的联系更佳。

12．**答**：体现了①生态工程学的核心原理，包括整体性原理、协调与平衡原理、自生原理和循环再生原理；②生态学原理，包括物种共生原理、食物链原理、物种多样性原理；③工程学原理，包括结构的有序性原理、系统的整体性原理、功能的综合性原理。

13．**答**：①土壤污染的特点：隐蔽性和滞后性、累积性、不可逆转性、危害的严重性、难治理性；②土壤污染治理的方法主要分三大类：物理法，如客土法、换土法、电化学法、热处理法、玻璃化法等；化学法，如钝化稳定法、淋洗修复法等；生物法，如植物修复和微生物修复。

第六章　生态破坏与生物的生态关系

一、填空题

1．水域退化；2．土壤侵蚀、土壤沙化、土壤盐化、土壤污染、土壤性质恶化；3．生态改良；4．类型、强度、频度

二、名词解释

1．生态破坏：是指自然因素和人为因素对生态系统结构和功能的破坏，导致生态系统结构变异、功能退化、环境质量下降等。

2．生物入侵：是指某种生物从外地自然传入或经人为引入后成为野生状态，并对本地生态系统造成一定危害的现象。

3．土壤退化：是指土壤肥力衰退导致生产力下降的过程，也是土壤环境理化性质恶化的综合表征。

4．生态恢复：是指根据生态学原理，通过人工措施，调整受损或退化生态系统的结构与功能，使生态系统的结构更加完善，功能更加健全，以实现生态系统的健康稳定以及环境质量的安全可靠。

5. 生态重建：是指根据生态学原理，通过生物、生态以及工程的技术与方法，人为地改造和消除生态系统退化的主导因子，调整和重新建立生态系统中缺失的结构与功能，使受损退化生态系统恢复到原始状态。

6. restoration（恢复）：是指在导致生态系统退化的自然和人为干扰被排除或削减后，退化生态系统组成、结构、功能和过程逐渐恢复到原始状态或是先前某一个被选择为参照状态的过程。

7. reconstruction（重建）：是指利用人工措施对退化生态系统重新建设和改造，主要途径和手段既包括物理法、化学法，也包括生物法及综合法。同时指对社会与经济的调整。

8. 内源干扰：是指事物本身内部的因素对本身造成的干扰。

9. degraded ecosystem（退化生态系统）：是指在一定的时空背景下，生态系统受自然因素、人为因素或两者的共同干扰下，使生态系统的某些要素或系统整体发生不利于生物和人类生存要求的量变和质变，系统的结构和功能发生与原有的平衡状态或进化方向相反的位移。

三、单项选择题

1. B；2. D；3. B；4. D；5. C；6. A

四、简答题

1. **答**：原则：①生态学原则；②地域性原则；③工程学原则；④生态经济学原则。

过程：诊断、制订修复方案、实施修复、维护与稳定。

2. **答**：根据生态系统中主要生态因子遭受破坏的状况，可以将生态破坏划分为植被破坏、土壤退化和水域退化三种类型。植被破坏按照生态系统类型又分为森林植被破坏、草地退化和水生植被破坏；土壤退化即土壤衰弱、又称土壤贫瘠化，是指土壤肥力衰退导致生产力下降的过程，也是土壤环境和土壤理化性状恶化的综合表征。土壤退化包括有机质含量下降、营养元素减少，土壤结构遭到破坏、土壤侵蚀、土层变浅、土体板结，土壤盐化、酸化、沙化等；水域退化包括由人为及自然因素造成的河流生态退化、湖泊水域富营养化、海洋生态退化和湿地生态退化等。水域退化表现在水域生态系统结构退化、功能下降、水体环境质量下降，严重制约水域功能的实现。主要表现在水质恶化、水文条件异常、生态系统结构破坏和生态功能退化等。

3. **答**：（1）退化土壤的生态修复

①重金属污染土壤的生态修复：物理修复、化学修复（土壤淋洗、化学钝化）、生物修复（植物提取、植物稳定、植物挥发、微生物修复等）。

②有机污染土壤的生态修复：主要是利用微生物的降解作用，分解、降解土壤中残留的农药、除草剂以及其他有机污染物。

③沙漠化土壤的生态修复：治理沙害的关键是控制沙质地表面被风蚀的过程和削弱风沙流动的强度，固定沙丘。一般采用植物治沙、工程防治和化学固沙等措施。工程防治就是利用柴、草以及其他材料，在流沙上设置沙障和覆盖沙面，以达到防风固沙。

（2）退化水域的生态修复

①湖泊的生态修复：外源污染控制技术；内源污染控制技术；稀释和冲刷；深层水抽取；水动力学循环技术；深水曝气；生态控制；控制营养盐的生态技术；直接控制藻类的生态技术。

②河流的生态修复：自然进化修复；河岸缓冲区的修复；植被修复；裁弯工程；河床隔离和覆盖；河流维护；生态补水；生物-生态修复技术。

五、论述题

1. **答**：（1）植被破坏的生态影响：①植被破坏对植物的影响首先是初级生产力的下降，进而可能导致次级生产力下降，其次植被破坏导致大量植物物种消失或灭绝，物种多样性下降。②植被破坏对动物的影响是动物个体适应性特征的变化、个体死亡、病变；对动物群落结构的影响表现为群落生物多样性下降，次级生产力下降，组成发生改变。个体小、生活史短、繁殖快速；r-对策种增加，物种暴发。③植被破坏对微生物的影响主要是由于根际生境的破坏、枯枝落叶层的减少影响到微生物的生存环境，导致微生物生物量降低。植被破坏导致的逆行演替、水土流失等因素降低土壤的营养水平，导致环境因子异常，使微生物群落组成、代谢途径及生态功能退化。④植被破坏对生物地球化学循环的影响主要表现为源/汇平衡失调、同化净化能力下降。

（2）土壤破坏对生态影响：土壤退化对植物生态特征的影响表现为个体形态的变化、死亡、病变和品质下降；土壤营养状况恶化，土壤污染物对植物的毒害作用，导致植物生产力下降；对植物群落结构的影响主要表现为群落多样性下降，物种组成发生改变，极端情况下，可能导致物种的灭绝或暴发；土壤动物、微生物数量下降，代谢途径和组成改变等。

2．答：可根据实际论述你周围生活环境中的生态破坏现象。

3．答：人类对生态系统干扰的主要方式有：①对森林和草原植被的砍伐与开垦；②污染；③采集；④采樵；⑤狩猎和捕捞。

每种方式可能带来的生态后果如下：①对森林和草原植被的砍伐与开垦：森林植被退化，加剧水土流失，区域环境变化，生物多样性丧失。②污染：环境质量降低，水质恶化，土壤退化，空气污浊，人类疾病增加，对污染敏感的物种减少甚至灭绝，耐污种增加，生物多样性下降。③采集：掠夺式采集会导致物种数量降低甚至灭绝。④采樵：主要是对林下地被层的破坏，使生态系统能量和养分减少，而且也破坏了动物的生存环境。⑤狩猎和捕捞：严重破坏生物的生殖和繁衍，甚至造成物种灭绝。尤其是种群繁殖前的大量捕捞，则会使种群生殖年龄提前，个体小型化，种群数量急剧下降。

第七章　全球变化及其对生物的影响

一、填空题

1．二氧化碳；2．5.6；3．干沉降、湿沉降；4．吸收、反射、散射

二、名词解释

1．温室效应：是指太阳短波辐射透过大气层射入地球表面，而地面增暖后放出的长辐射被大气中的二氧化碳等温室气体所吸收，从而产生大气变暖的效应。

2．酸雨：pH 小于 5.6 的降水称为酸雨；pH 小于 5.6 的雪称为酸雪；在高空或高山上弥漫的雾，pH 小于 5.6 时称为酸雾。

三、单项选择题

1．A；2．B；3．A；4．B

四、简答题

答：酸雨落地后会使土壤原有的酸度增大或碱性降低，从而改变土壤的物理化学性质和微生物群落，引起土壤中营养物质的流失和某些金属元素的溶出，影

响植物的生长发育和作物的品质。由此可知,酸雨对土壤生态系统会产生很大的影响,主要体现在两个方面:①土壤酸化,酸性物质随降水进入土壤后,对土壤最主要的影响是加速土壤的酸化及盐基阳离子的淋溶。土壤溶液中 H^+ 浓度的进一步增高,会引起土壤矿物质的风化和可溶态铝浓度的增加;②土壤酶活性发生变化,酸或碱可以使酶的空间结构破坏,引起酶活性丧失,这种失活或者可逆或者不可逆。可逆失活是当 pH 适当改变后,活力完全恢复。酸或碱影响酶活性催化基团的解离状态,使得底物不能分解成产物;酸或碱影响酶活性结合基团的解离状态,使得底物不能和它结合;酸或碱影响了底物的解离状态,或者使底物不能和酶结合,或者结合后不能生成产物。

五、论述题

1. **答**:温室效应的概念:温室效应是指地球大气层上的一种物理特性,即太阳短波辐射透过大气层射入地球表面,而地面增暖后放出的长波辐射被大气中的二氧化碳等物质所吸收,从而产生大气变暖的效应。

温室气体成分:二氧化碳(CO_2)、甲烷(CH_4)、一氧化二氮(N_2O)、氟氯烃化合物(CFCs)等。

温室效应的直接后果:①全球变暖,温室气体浓度增加的后果之一是全球变暖。二氧化碳是造成温室效应最重要的气体,其浓度增加所造成的气候变暖作用,远远超过其他温室气体,目前地表和大气温度上升,有 70%~80%是由于二氧化碳增加所造成的。②冰川融化和海平面上升,冰川是地球上最大的淡水水库,全球 70%的淡水被储存在冰川中,一方面海水受热膨胀而海平面上升,另一方面冰川溶解使海洋水增加,目前估计全球平均每年的海平面上升(1.8 ± 0.5)mm/年。③雨水分布不均,灾害天气增多。④生物气候带变化,生物气候带是指生物与气候相适应而形成的大致与纬度平行的带状地域。生物气候带在山地海拔高度上的表现,则为垂直生物气候带。温室效应导致全球温度升高,热区面积扩大,从而对全球生物气候带生物的分布和生存产生深远的影响。⑤对农林牧业的影响。根据温度变化与积温的关系,温度的升高导致超过生物学零度的有效积温提高,这大大改变了农业种植结构和作物的复种指数,不同程度地改变了农业的生产格局。⑥温室效应对人类健康的直接影响,随着气温升高,炎热引起的人类疾病和死亡数量会增加,北半球中高纬度地区花粉过敏症状感染者会增多,全球有超过一半人口居住在沿海 100 km 的范围以内,其中大部分住在海港附近的城市区域。所以,海平面的这一变化将会给沿海地区带来居住地的危机。

2. 答：（1）UV-B 辐射增强对植物的直接影响：①对植物形态结构的影响包括 UV-B 辐射导致叶面积减小、引起叶片增厚，在显微结构上，光合作用的细胞器遭到破坏；②UV-B 辐射增强下绝大多数植物光合作用和色素含量下降；③对植物大分子物质的影响包括植物蛋白质失去原有的生物活性、引起基因突变甚至影响 DNA 的复制；④对植物物候期的影响包括可推迟其幼苗形成和花期，使生育期滞后；⑤对植物生长的影响，UV-B 辐射增强下，植株（株高）矮化，主茎和节间缩短是一个普遍观察到的结果。

（2）UV-B 辐射增强对动物的直接影响：①对昆虫的影响。UV-B 辐射对昆虫行为、生长发育及种群动态等有着直接或间接的影响，UV-B 辐射增强通过影响植食性昆虫可间接影响生态系统中第一营养级的植物和第三或第四营养级的捕食者或寄生者，从而对生态系统产生冲击作用。紫外辐射可被昆虫利用作为识别、接受而影响昆虫的定位、飞行、取食及两性间的交互作用，作为植食性昆虫，植物响应 UV-B 辐射的变化，影响栖息地及食物来源，从而间接影响昆虫种群及其多样性。②对水生动物的影响。UV-B 辐射增强影响水体消费者成活率显著下降，导致数量和种类急剧下降，有些种类已经或者濒临灭绝。

（3）UV-B 辐射增强对微生物的直接影响：微生物对 UV-B 辐射非常敏感，对微生物种群和数量产生显著直接影响。如 UV-B 辐射下，对真菌研究发现孢子萌发减少，菌丝形态、真菌丰富度产生显著变化。

第八章　生物多样性与生物安全

一、填空题

1. 生态系统服务；2. 生态系统多样性、景观多样性；3. 盖亚假说（地球自我调节理论）；4. 遗传多样性最大保护原则；5. 外来物种入侵；6. 遗传；7. 多样化、变异性

二、名词解释

1. 生物多样性：是指生命有机体及其赖以生存综合体的多样化和变异性。

2. 物种多样性：指动物、植物及微生物种类的多样性，物种多样性是基因多样性的现实表现和载体。

3．遗传多样性：是指物种内的遗传变异度，即为基因多样性。

4．生态系统多样性：是指生物圈内生境、生物群落和生态过程的多样性。生境的多样性主要指无机环境，如地形、地貌、气候、水文等的多样性，生境多样性是生物群落多样性的基础。生物群落的多样性主要是群落的组成、结构和功能的多样性。生态过程的多样性是指生态系统组成、结构和功能在时间、空间上的变化。

5．生物安全：是指在特定的时空范围内，由于自然或人类活动引起的某种生物数量的急剧变化，并由此对当地其他物种和生态系统造成改变和危害，进而对人类的正常生存和发展构成影响。

6．生物入侵：是指生物由原生存地经自然或人为途径侵入另一个新的环境对入侵地的生物多样性、农林牧渔业生产以及人类健康造成经济损失或生态灾难的过程。

7．genetically modified organisms，GMO（转基因生物）：是指人类按照自己的意愿有目的、有计划、有根据、有预见地运用重组 DNA 技术将外源基因整合于受体生物基因组，改变其遗传组成后产生的生物及其后代。

三、单项选择题

1．A；2．D；3．D；4．D；5．A；6．D；7．A；8．B；9．C；10．B

四、简答题

1．答：①利用生物天敌防治病虫害；②利用保护优良品种与遗传资源；③农业生产物种多样性、间种、套种；④提供保健产品；⑤水土保持、农田林网的构建。

2．答：①直接经济价值：生态经济学、价值估计、直接的利用价值。

②间接经济价值：生态价值、娱乐价值、科学价值。

③伦理价值：多样性存在价值、人类的生存价值、深层生态学价值。

3．答：①生物资源的过度利用；②生境破坏；③环境污染和全球气候变化；④外来物种入侵；⑤农业品种单一化。

4．答：①影响物种多样性；②影响遗传多样性；③影响生态系统多样性；④造成经济损失；⑤影响人群健康。

五、论述题

1. **答**：（1）转基因生物类型：①按照所转移目的基因的受体类型可以把基因生物分为转基因植物、转基因动物、转基因微生物和转基因水生生物 4 类；②按照转移目的基因用途可以分为抗除草剂转基因植物、抗虫转基因植物、抗病性转基因植物、抗盐害转基因植物、抗病毒转基因家畜或禽类、生长激素转基因家畜等。

（2）根据转基因生物主体的生活环境和自身生物属性不同，对转基因植物、转基因动物和转基因微生物的环境行为进行论述。

转基因植物的环境行为：①转基因植物自身的变化，转入基因的表达会对植物自身产生一定的影响，包括新陈代谢、组成成分、遗传、进化等方面；②转基因的适应性和对物种进化的影响；③转基因植物对生态系统的影响，转基因植物对邻近植物物种、土壤微生物及动物区系组成及数量的影响，还可通过根系分泌物改变根际细菌来影响原生动物的种类和数量。

转基因动物的环境行为：由于转入目的基因在宿主基因是随机整合的，其整合位点数和拷贝数也是随机出现的，因此有可能出现转入基因整合到具有重要功能的基因之中，从而干扰该基因的正常表达，影响其代谢和发育。

转基因微生物的环境行为：转基因微生物实质就是重组微生物。目前常用于进行转基因操作的微生物集中于发酵工业和环境污染治理的生物修复方面。因此，在应用过程中与其他生物接触时，很容易发生基因转移，从而使得其他生物引入了外源目的基因。

（3）转基因生物安全管理：①转基因农作物种类的限制。我国转基因农作物必须获得农业农村部的转基因生物安全生产应用证书方可进入区域试验和品种审定阶段，而且严格管控转基因生物种子的生产、经营、销售，防止转基因作物的非法种植。按照《中华人民共和国种子法》的要求，转基因作物还需取得品种审定证书、生产许可证和经营许可证，才能进入商业化种植。②转基因安全管控。为加强农业转基因生物安全评价管理，保障人类健康安全，保护生态环境，我国建立了一系列的监管制度，并专门设立国家农业转基因生物安全委员会，负责农业转基因生物的安全评价工作，其成员必须由从事农业转基因生物研究、生产、加工、检验检疫、卫生及环境保护等方面的专家组成，具有绝对的权威性。③转基因安全标识的管理。为让人们对转基因食品有正确的认识，国家实行转基因生物标识制度。凡是列入标识管理目录并用于销售的农业转基因生物，应当进行标识，未标识和不按规定标识的，不得进口或销售。

2. **答**：（1）生物多样性是指生物的多样化、变异性和生境的生态复杂性，它包括四个层次：遗传多样性、物种多样性、生态系统多样性和景观多样性。

（2）生物多样性保护的重要意义，包含但不限于：为人类提供生活资料、生产资料、确保生态系统平衡与稳定、促进物质循环与能量的流动、满足人类精神需求等。

（3）生物多样性保护的可行策略分析，包括但不限于：栖息地保护（自然保护区、就地保护）、迁地保护（动物园、植物园等）、种质资源保护（基因库）、可操作的完善的法律体系支持、广泛的宣传与教育等。

第九章　环境生态与生态环境管理

一、填空题

1. 自然生态系统；2. 连续性、复杂性；3. 生态系统；4. 生物富集；5. 慢性试验、亚急性试验；6. 区域性；7. 资源管理、区域生态环境管理、专业生态环境管理；8. 行政干预；9. 预测；10. 生态环境质量管理、人类活动；11. 管理；12. 非平衡的、自我调节

二、名词解释

1. 生态监测：是利用各种技术测定和分析生态系统各层次对自然或人为作用的响应，从而判断和评价这些干扰对生态系统产生的影响、危害及其变化规律，为生态环境质量的评估、调控和环境管理提供科学依据。

2. 生物监测：指通过生物（动物、植物、微生物）在环境中的分布、生长、发育状况及生理生化指标和生态系统的变化来研究环境污染情况，测定污染物毒性的一类监测方法。

3. 环境监测：是环境科学的工具和手段，是为了判断是否达到标准或评价环境管理和控制环境系统的效果，对污染物进行定期测定。

4. 生态评价：生态评价是应用生态学、环境科学、系统科学等学科的理论、技术和方法，对评价对象的生态系统组成结构、生态功能与主要生态过程、生态环境的敏感性与稳定性、系统发展演化趋势等进行综合评价分析，以认识生态系统发展的能力和制约因素，评价不同的活动和措施可能产生的结果。

5．安全浓度：是长期暴露而不会产生不良效应的化合物浓度。

6．蓄积作用：是指毒物逐次进入生物体，而在靶器官内积和/或毒物对生物体所致效应的累加现象。

7．LD_{50}（LC_{50}）：半数致死量，表示在规定时间内，通过指定感染途径，使一定体重或年龄的某种动物半数死亡所需最小细菌数或毒素量。

8．ecological risk assessment（生态风险评估）：是利用生态学、环境化学及毒理学的知识，定量地确定危害对人类和生物的负效应的概率及其强度的过程。

9．生态环境管理：生态环境管理指运用生态学、经济学和社会学等学科的原理和现代科学技术来管理人类的开发行为，减轻对生态环境的影响，力图平衡发展和生态环境保护之间的冲突，最终实现经济、社会和生态环境的可持续协调发展。

10．生态规划：生态规划指根据生态经济学原理，结合国民经济发展计划，实现和保护生态平衡的长期计划。

11．生态承载力：生态系统的自我维持、自我调节能力、资源与环境子系统的供容能力及其可维系的社会经济活动强度和具有一定生活水平的人口数量。

12．ecological footprint（生态足迹）：是能够持续地提供资源或容纳废物的，具有生物生产力的地域空间。

13．生态适宜度：是指在规划区内确定的土地利用方式对生态因素的影响程度（生态因素对给定的土地利用方式的适宜状况、程度），是土地开发利用适宜程度的依据。

14．circular economy（循环经济）：是一种以资源的高效利用和循环利用为核心，以"减量化、再利用、资源化"为原则，以低消耗、低排放、高效率为基本特征，符合可持续发展理念的经济增长模式，是对"大量生产、大量消费、大量废弃"的传统增长模式的根本变革。

三、单项选择题

1．A；2．A；3．A；4．D；5．A；6．D；7．B；8．C；9．B；10．A；11．C；12．D；13．C；14．C；15．D；16．B；17．B；18．C；19．A；20．D；21．B；22．D；23．D；24．A；25．D；26．B；27．C；28．A；29．D；30．B；31．C；32．A；33．C；34．A；35．D

四、简答题

1. 答：选择与确定生态监测指标体系应遵循以下 6 个方面的原则：①代表性，指标应能反映生态系统的主要特征，表征主要的生态环境问题；②敏感性，对特定环境污染或感染敏感，并以结构和功能指标为主反映生态过程变化；③综合性，完整反映生态系统的时空变化特征；④可行性，易于准确测定，便于分析比较；⑤可比性，同类生态系统在不同区域或不同发育阶段具有可比性；⑥层次性，生态系统内由生物个体到宏观系统，由基层一般性监测部门到专业性监测研究部门，应有要求不同、层次分明的指标体系。

2. 答：（1）生态评价的目标：①从生态完整性的角度评价生态环境质量现状，注重生态系统结构与功能的完整性；②从生态稳定性的角度评价生态系统承受干扰的能力以及受干扰后的恢复能力；③从生态演变的角度评价和预测生态系统的演变过程及趋势；④从能量流动和物质循环的角度评价生态系统服务功能状况及变化趋势。

（2）生态评价的原则：①自然资源优先保护原则；②生态系统结构与功能协调原则；③针对性原则；④政策性原则；⑤生态环境保护与社会经济发展协调原则。

（3）生态评价的主要任务是认识生态环境的特点与功能，明确人类活动对生态环境影响的性质、程度，制定为维持生态环境功能和自然资源可持续利用而采取的对策和措施，主要包括：保护生态系统的整体性、保护生物多样性、保护区域性生态环境、合理利用自然资源、保持生态系统的再生能力、保护生存性资源等。

3. 答：（1）生态评价指标体系应满足以下 6 个方面：①代表性、综合性、操作性；②可比性；③特殊性；④指标体系应反映生态系统各个层次和主要的生态环境问题，并以结构和功能指标为主；⑤宏观生态监测指标可依据监测项目，选定相应的数量指标和强度指标；⑥微观生态监测指标应包括系统的各个组分，并能反映主要的生态过程。

生态评价应遵循环境影响评价的一般程序。生态评价的范围、内容、标准、等级和评价方法等，需根据人类活动的影响性质、影响程度和生态环境条件作具体的分析和确定。

（2）生态评价的基本方法：①类比分析法；②列表清单法；③生态图法；④指数法；⑤单因子指数法、综合因子指数法；⑥其他方法：多因子数量分析法、回归分析法、系统分析法。

4. 答：生态监测是研究环境生态学内容的必然趋势，主要原因是：①随着人类对环境问题的认识不断深化，环境问题已不再局限于排放污染物引起的健康问题，还包括人类活动引起的生物多样性降低、生态退化、生态平衡失调以及资源退化等一系列问题。②生态系统中的生物及其环境之间存在着相互影响、相互制约、相互依存的密切关系，保持着相对的生态平衡。随着外界环境的变化，生态系统内部的生物因子和非生物因子也会发生相应的变化，并通过反馈调节机制维持生态平衡。为了保护生态系统功能不受损坏，必须对生态系统的演化趋势、特点及存在问题建立一套行之有效的动态监测体系。③生态监测是利用各种技术测定和分析生态系统各层次对自然或人为作用的响应，从而判断和评价这些干扰对生态系统产生的影响、危机及其变化规律，为生态环境质量的评估、调控和环境管理提供科学依据。

因此，环境问题的复杂性促使监测从一般意义上的环境污染因子监测向生态系统的监测拓展，生态监测已逐步成为环境生态学内容的必然趋势之一。

5. 答：生态环境管理方式可理解为将生态、经济和社会相结合的管理战略。这种管理方式改变了传统的分要素方式，它的要求是建立综合的管理方式。生态系统管理方式的主要目的是维持生态系统功能的可持续性，以避免人类活动对环境的破坏。主要核心理论有：①生态系统是动态平衡的，遵循生态规律与经济规律，正确处理发展与生态环境关系；②生态系统是整体性的，实行综合资源管理是生态系统管理思想的组成部分，人类对资源的利用以生态系统能够支持为前提，必须维持生态系统的完整性，人类的活动以不影响系统的完整性为前提；③生态系统是开放性的，生态系统管理方式应扩展到地区或景观的范围，只有保持生态系统的多样性，才能维持生态系统持续、健康发展；④生态系统是复杂、多变的，遵循适应性管理方式，在"人类—生态—环境"系统中，人是主导的一方，发展与生态环境的关系中，人类的发展活动是主要方面，所以人的思想观念转变和行为调整必须适应生态系统复杂、多变的环境，保障人与自然和谐发展。

6. 答：生态环境管理的程序一般可以分为5个阶段：①明确问题，通过调查研究确定所要解决的问题及问题的关键所在；②鉴别与分析可能采取的对策，在仔细分析研究问题之后提出可能采取的各种方案对策，比较各种方案的费用和收益，从中选出可行的对策；③制定规划，制定出详细的规划，包括短期规划和长期规划，然后就是执行规划，对生态环境进行管理；④评价反应与调整对策；⑤对方案的效果进行观察与评价，必要时对规划进行调整。

7. **答**：生态规划的程序可以概括为以下 8 个步骤：

①生态规划提纲的编制。对整个规划工作的组织和安排，编制各项工作计划。

②生态调查与资料收集。这一步骤是生态规划的基础。资料收集包括历史、现状资料，卫星图片、航片资料，访问当地人获得的资料，实地调查资料等。然后进行初步的统计分析、因子相关分析以及现场核实与图件的清绘工作，然后建立资料数据库。

③生态系统分析与评价。这是生态规划的一个主要内容，为生态规划提供决策依据。主要是分析生态系统结构、功能的状况，辨识生态位势，评价生态系统的健康度、可持续度等，提出自然—社会—经济发展的优势、劣势和制约因子。

④生态环境区划和生态功能区划。这是对区域空间在结构功能上的划分，是生态空间规划、产业布局规划、土地利用规划等规划的基础。

⑤规划设计与规划方案的建立。它是根据区域发展要求和生态规划的目标，以及包括研究区的生态环境、资源及社会条件在内的适宜度和承载力范围，选择最适于区域发展方案的措施。一般分为战略规划和专项规划。

⑥规划方案的分析与决策。根据设计的规划方案，通过风险评价和损益分析等进行方案可行性分析，同时分析规划区域的执行能力和潜力。

⑦规划的调控体系。建立生态监控体系，从时间、空间、数量、结构、机制等几方面检测事、人、物的变化，并及时反馈与决策；建立规划支持保障系统，包括科技支持、资金支持和管理支持系统，从而建立规划的调控体系。

⑧方案的实施与执行。规划完成后，由下面部门分别论证实施，并由政府和市民进行管理、执行。

8. **答**：生态系统承载力应具备的 3 个方面能力：①应该有充足的资源供给，以及相应的资源承载能力；②应该有足够的环境容量，能够承担人类生产活动所排放的废物，即相应环境承载能力；③生态系统需要保持一定的自我维持能力，即相应的生态弹性力。

五、论述题

1. **答**：（1）生态监测的概念：以生态学原理为理论基础，运用可比的和成熟的方法，通过物理、化学、生物、生态学原理等各种技术手段，在时间或空间上对特定区域范围内生态系统中的生态因子、生物与环境之间的相互关系、生态系统结构和功能等进行系统的监测。

（2）生态监测的理论依据：

①生态监测的基础——生命与环境的统一性和协同进化，生态系统各层次之所以能够作为"仪器"来指示其生存环境的质量状况，从根本上说，是由两者间存在相互依存和协同进化的内在关系决定的。

②生态监测的可能性——生物适应的相对性，在生态系统中生物的生存和繁殖是受系统内其他生物和环境所制约的，种群数量往往处于一种动态的平衡中，繁殖率和存活率并不能作为生物适应成功的指标。

③污染生态监测的依据——生物的富集能力，生物在生命活动的全过程中，从外界摄取营养物质的同时也包含有毒有害的物质，体内一些物质或元素的浓度还会通过食物链在生态系统中传递和放大。当这些物质超过生物所能承受的浓度后，将对生物乃至整个群落造成影响或损伤，并通过各种形式表现出来。因此，污染的生态监测就是以此为依据，分析和判断各种污染物在环境中的行为和危害。

④生态监测结果的可比性——生命具有共同特征，各种生物（除病毒和噬菌体外）都是由细胞所构成的、都能进行新陈代谢、对环境变化都有响应等，不同地区的同种生物抵抗某种环境压力或对某一生态要素的需求基本相同；生态系统的结构和功能不仅是环境演变的结果，同时也是环境质量的综合表现，相同的生态系统受环境因子变化、人为干扰等影响，种类组成、能量转化、物质循环等会发生相应的变化。因此，生命系统和生态系统具有许多共同特征，使得生态监测结果具有可比性。

（3）生态监测的方法：生物个体生态监测、种群生态监测、群落生态监测、生态系统层次的生态监测。

2. 答：（1）生态规划的概念：生态规划指根据生态经济学原理，结合国民经济发展计划，实现和保护生态平衡的长期计划。

（2）生态规划的目标：生态规划的目标包括系统的基准值、总体目标、近期和远期目标及分年度目标等。复合生态系统规划的总体目标又可分为整体目标、经济系统目标、社会系统目标和生态环境系统目标：①整体目标是依据生态控制论原理调控复合系统内部各种不合理的生态关系，提高系统的自我调节能力，在一定的外部环境条件下，通过技术的、行政的、行为的诱导实现因地制宜的可持续发展，即实现高效、公平和可持续发展。②经济系统目标充分利用当地资源优势和技术优势，因地制宜发展产业和进行技术改造，使产业结构与资源结构相匹配，与技术结构相协调，提高产业的产投比效益，增加经济系统的调节能力。从单一的资源优势结构过渡为资源技术优势组合结构，形成合理的城乡关系、工农关系、内外经济联系协调发达的经济网络。③社会系统目标是实现城乡结构与布局合理、生活环境干净舒适、人口增长与经济支持能力相适应、人口结构合理、社会服务便利、公众生态意识提高、行政管理机构精干、具有灵敏高效的信息反馈能力和先进的决策支持系统。④生态环境系统目标是根据自然条件特点，实现自然资源特别是土地资源和水资源的持续利用，提高系统各环节的生态效率，增强生态系统的服务功能，使系统达到高效、稳定、合理，为公众提供环境优美、舒适的生活和居住条件。

（3）生态规划的原则：①整体性原则，生态规划从生态系统的原理和方法出发，强调规划目标与区域总体发展目标的一致性，追求社会、经济和生态环境的整体最佳效益。②趋适开拓原则，生态规划以环境容量、资源承载能力和生态适宜度为依据，寻求最佳的区域或城乡生态位，不断开拓和占领空余生态位，充分发挥生态系统的潜力，强化人为调控能力，促进可持续发展的生态建设。③协调共生原则，复合生态系统具有结构的多元化和组成的多样性特点，子系统之间及各生态要素之间相互影响、相互制约，直接影响系统整体功能的发挥。在生态规划中坚持共生就是要使各子系统合作共存、互惠互利、提高资源利用效率；协调指保持系统内部各组分、各层次及系统与周围环境之间关系的协调、有序和相对平衡。④区域分异原则，不同地区的生态系统有不同的结构、生态过程和功能，规划的目的也不尽相同，生态规划必须在充分研究区域生态要素功能现状、问题及发展趋势的基础上进行。⑤高效和谐原则，生态规划是要建设一个高效和谐的社会—经济—自然复合生态系统，因此生态规划要遵守自然、经济、社会三要素原则，以自然为基础，以经济发展为目标，以人类社会对生态的需求为出发点。⑥可持续发展原则，生态规划遵循可持续发展原则，在规划中突出"既满足当代人的需要，又不危及后代满足其发展需要的能力"的原则，强调资源的开发利用与保护增值同时并重，合理利用自然资源，为后代维护和保留充分的资源条件，使人类社会得到公平持续发展。

（4）生态规划意义：通过生态规划，合理而有效地利用各种自然资源，以满足不断增长的社会生产和消费需要；同时保证人类社会生存活动不受妨碍并有利于充分发挥自然界的功能，以保持和增强自然资源和自然环境的再生能力。

3. **答：**（1）生态环境管理概念：生态环境管理是运用生态学、经济学和社会学等学科的原理和现代科学技术来管理人类的开发行为，减轻对生态环境的影响，力图平衡发展和生态环境保护之间的冲突，最终实现经济、社会和生态环境的可持续协调发展。

（2）生态环境管理的主要内容包括：①从范围来划分可分为资源管理、区域生态环境管理、专业生态环境管理；②从管理性质来划分可分为生态环境计划指导性管理、生态环境质量管理、生态环境技术管理。总之，各类生态环境管理的内容是相互交叉渗透的，这种交叉既有资源管理又有专业生态环境管理，同时又可分为计划管理、质量管理和技术管理。所以现代生态环境管理是一个涉及多种因素的管理系统。

（3）生态环境管理的意义：生态环境管理的核心是要遵循生态规律与经济规律，正确处理发展与生态环境的关系，在"人类—生态—环境"系统中，人是主导的一方，发展与生态环境的关系中，人类的发展活动是主要方面。生态环境管理的实质是影响人的行为、以求维护生态环境质量，保证经济、社会可持续发展的顺利进行。

4. 答：生态文明理念的基本内涵：①走可持续的经济发展道路。一是资源的充分利用，二是环境的切实保护。②实行健康有益的消费模式。在人类社会中，粗略看起来是生产占主导地位，似乎生产什么就消费什么；但事实上在很大程度上是消费占主导地位，即有什么样的消费需求，才有什么样的产品。生态文明倡导的社会消费模式是低消费、生态化、俭朴、健康而有益。③建立和谐的人际关系。广泛的生态文明，既要求人类与自然的和谐，也要求人类本身的和谐。④用道德来调节人与自然的关系的生态伦理学作为一种全新的伦理学，其革命性变革在于强调人际平等、代际公平的同时，又试图扩展伦理的范围，把人之外的自然存在物纳入伦理关怀的范围，用道德来调节人与自然的关系。生态伦理观的基本思想是人对自然的关爱。

5. 本题主要考查学生对绿色发展方式和生活方式的了解程度，故不拟定标准答案。只要紧扣主题举例说明，均可酌情给分。绿色发展方式可以生态农业、生态工业、环保产业、清洁生产、循环经济等为例，绿色生活方式可以尽量少用一次性物品、提倡步行，骑自行车，尽量乘坐公共汽车、随手关灯、节约用电、垃圾分类投放等。

6. 本题旨在考查学生对"绿水青山就是金山银山"的理解，故不拟定标准答案，但要体现出经济发展与环境保护的辩证关系、自然资源的价值、保护与利用并重、可持续发展等思想。

7. 本题考查学生对五大发展理念重要性和实施途径的认识，故不拟定标准答案。在坚持绿色发展重要意义方面，应围绕实现经济发展过程中资源和环境压力过大、必须转变经济发展方式、改变发展理念、正确处理经济发展与生态环境保护的辩证关系、不能再走先污染后治理的老路、必须人与自然和谐发展、尊重自然、顺应自然和保护自然等方面展开论述；在实施途径方面，可以考虑加强绿色治理、创新绿色技术、振兴绿色产业、践行绿色生活、强化绿色监管等。

第十章 环境生态与生态文明

一、填空题

1. 生态民主；2. 公平性原则、协调性原则、高效性原则、发展性原则；3. 生态平衡；4. 生态经济、生态环境、生态人居、生态文化、生态制度

二、名词解释

1. 生态文明：它是人类文明发展的一个新的阶段，即工业文明之后的一种文明形态，是人类遵循人、自然和社会和谐发展这一客观规律而取得的物质与精神成果的总和。

2. sustainable development（可持续发展）：既满足当代人的生存和发展的需要，又不对子孙后代满足其需要能力的发展构成损害的发展道路。

三、单项选择题

1. A；2. A；3. D

四、简答题

1. 答：①从自然观上讲，生态文明改变了以往对自然无节制掠夺的观念，要求尊重自然，在尊重客观规律的基础之上调节人与自然的关系。生态文明树立的是自然生态观。②从价值观上讲，生态文明肯定了自然的内在价值，强调生态要素对人类生活的价值意义，坚持人类对自然的伦理义务与责任，倡导物质追求与精神提升的统一性。③从生产方式上讲，生态文明改变了以往高收入、高消费、高排放的传统经济发展模式，转而谋求社会经济发展与生态环境的协调共生，建

设遵循生态规律的生态化产业。④从生活方式上讲，生态文明要求树立绿色消费观念，改变以往以满足人类无限的物质欲望为第一目的的传统消费观念，提倡适度有节制的消费，尽可能避免或者减少消费行为对生态环境的破坏。

2．答：生态文明和可持续发展之间存在密切的联系，这种联系主要表现在以下 3 个方面：①生态文明和可持续发展之间相辅相成，相互促进，具有一致性。②生态文明是可持续发展在生态领域的支柱、原则和方向。③可持续发展是生态文明建设的必由之路。

因此，生态文明与可持续发展的核心内容是相通的，生态文明建设推动可持续发展，可持续发展又支撑生态文明建设，它们之间既是相辅相成的关系，又是相互促进的关系。我们应该在合理地创造经济财富的过程中保证生态文明的可持续发展，并建立最佳的生态文明，为实现人类可持续发展提供保障。

3．答：环境生态学是随着环境问题的出现而产生的，阐明了人为干扰的环境条件下，生物与环境的相互关系，并寻求解决环境问题的生态学途径。环境生态学在生物多样性、生态系统和生态平衡等方面有着密切的联系，是生态文明建设的理论基础、促进和推动着生态文明建设。主要体现在：①生物多样性是生态文明建设的重要基础；②生态系统是生态文明建设的重要内容；③生态平衡是生态文明的本质核心。

4．答：生态文明思想的核心内容：①坚持生态兴则文明兴；②坚持人与自然和谐共生；③坚持绿水青山就是金山银山；④坚持良好生态环境是最普惠的民生福祉；⑤坚持山水林田湖草沙是生命共同体；⑥坚持用最严格制度和最严密法治保护生态环境；⑦坚持建设美丽中国全民行动；⑧坚持共谋全球生态文明建设之路。

五、论述题

答：中国特色社会主义生态文明建设取得了一系列创造性的成果和历史性成就。集中体现在经济、政治、文化、社会和外交等多个层面，集中回答了什么是生态文明、为什么建设生态文明、建设什么样的生态文明、怎样建设生态文明及如何引领全球生态文明等重要问题。具体成就体现在：①确立生态文明建设的指导思想；②保障人民群众的生态福祉；③不断优化生态文明建设的经济结构；④全面构建生态环境治理体系；⑤推动生态文明建设试点示范；⑥全球共享生态治理方案。

期末测试真题（一）

一、单项选择题

1．D；2．D；3．A；4．B；5．A；6．A；7．B；8．B；9．D；10．B

二、填空题

1．生物圈；2．日中性植物（中间型植物）；3．通气、机械；4．氯化钠、硫酸钠；5．阶段；6．50%；7．$dN/dt=rN（1-N/K）$；8．偏利；9．1；10．生态型、生活型；11．铆钉、冗余

三、名词解释

1．law of effective accumulative temperature（有效积温法则）（1分）：生物在生长发育过程中，需从环境中摄取一定的热量才能完成某一阶段的发育，而且某一特定生物类别各发育阶段所需的总热量是一个常数（2分）。

2．Gaia hypothesis（盖亚假说）（1分）：地球表面的温度和化学组成是受地球表面的生命总体（生物圈）主动调节（2分）。

3．ecological invasion（生态入侵）（1分）：是某种外来生物进入新分布区成功定居，并得到迅速扩展蔓延的现象（2分）。

4．生态位：是指种群在群落中所占有的物理空间，在生物群落中的功能作用以及它们在温度、湿度、pH、土壤和其他生存环境变化梯度中的位置（3分）。或指某种生物利用食物、空间等一系列资源的综合状况以及由此与其他物种所产生的相互关系，它准确描述了某一物种所需要的各种生活条件。

5．分解者：属于异养生物，它们在生态系统中承担着将复杂的有机物质逐步分解为无机物并最终以简单无机物形式回归到环境中的功能（3分）。

四、简答题

1．**答案要点**：①二氧化碳是植物光合作用的主要原料（2分）；②二氧化碳影响动物的呼吸代谢，当环境中二氧化碳浓度过大时，常因呼吸受阻而导致死亡（2分）；③温室效应方面，正常的温室效应有利于地球表面保持适当的温度，地球的万物生长才有可能，温室效应不适当的增强，则会导致全球生态环境失调（4分）。

2. **答案要点**：①它是两个相互作用种群增长模型的基础（3分）；②它也是渔业捕捞、林业、农业等实践领域中，用来确定最大持续产量的主要模型（3分）；③模型中的两个参数 r、K 已成为生物进化对策中的重要概念（2分）。

3. **答案要点**：①具有一定的物种组成（1分）；②不同物种之间的相互影响（1分）；③形成群落环境（1分）；④具有一定的结构（1分）；⑤一定的动态特征（1分）；⑥一定的分布范围（1分）；⑦群落的边界特征，在群落交错区具有边缘效应（2分）。

4. **答案要点**：①能量流是变化的（2分）；②能量流是单向流（2分）；③能量流是不断递减的（2分）；④能量在流动中质量逐渐提高（2分）。

五、论述题

1. **答案要点**：产生的根源是盲目发展、掠夺式开发利用自然资源，不讲究资源的可持续利用（4分）。

2. **答案要点**：森林破坏的生态后果是造成水土流失，固定二氧化碳的能力降低，在局部地区引起降水量的轻微变动，在强暴雨下容易发生洪灾等自然灾害（2分）。

合理砍伐和利用森林资源：①根据最大持续产量法则，合理砍伐，砍伐速度不能超过其更新速度（1分）；②保证一定数量的林地面积，且各林种的林地数量要保持合适的比例（1分）；③保证森林资源的年龄结构基本均匀，蓄积量结构合理（1分）；④完善森林保护的政策法规，提高人们保护森林的意识等（1分）。

3. 本题考查学生对"绿水青山就是金山银山"的理解，故不拟定标准答案。只要结合生态与经济的协调发展、资源的价值、治污成本和代价等作答，均可给分。如果言之有理，结合自身实际，可以酌情加分，但总分不能超过该小题满分8分。

期末测试真题（二）

一、单项选择题

1. D；2. D；3. C；4. D；5. D；6. C；7. A；8. C；9. D；10. C

二、填空题

1. 内环境；2. 湿润森林、荒漠；3. 数量、空间分布、遗传；4. 细胞；5. 阿

利规律；6. 基因库；7. 64%；8. 叶状体；9. 原生、次生；10. 10%；11. 氨化作用

三、名词解释

1. limiting factor（限制因子）（1分）：当生态因子（一个或几个），接近或超过某种生物的耐受极限而阻止其生存、生长、繁殖、扩散或分布，这时，这些因子就称为限制因子（2分）。

2. competitive exclusion principle（竞争排斥原理）（1分）：在一个稳定的环境内，两个以上受资源限制的、且具有相同资源利用方式的种，不能长期共存在一起（2分）。

3. intermediate disturbance hypothesis（中度干扰假说）（1分）：中等程度的干扰水平能维持较高生物多样性（2分）。

4. 负反馈：生态系统中某一成分的变化所引起的一系列变化抑制了最初发生变化的那种成分所产生的变化（3分）。

5. 生态危机：由于人类无节制活动而导致局部地区甚至整个生物圈结构和功能的失衡，从而威胁到人类生存的灾变（3分）。

四、简答题

1. **答案要点**：①为土壤生物提供栖息场所以及生物生活所必需的矿质元素（2分）；②提供植物生长所必需的水、热、肥、气（2分）；③维持丰富的土壤生物区系（2分）；④生态系统的许多很重要的生态过程都是在土壤中进行的（2分）。

2. **答案要点**：①无交互作用（中性作用），两物种彼此无影响，如兔子和鱼（1分）；②互利共生，如真菌和地衣（1分）；③偏利共生，如榕树和树干上的蕨类（1分）；④原始协作，如寄居蟹和海葵（1分）；⑤他感作用，如核桃树分泌化感物质毒害周边植物（1分）；⑥竞争，如水稻和稗草（1分）；⑦寄生，如人体和蛔虫（1分）；⑧捕食，如猫和老鼠（1分）。

注：如果没有举例，本题满分不能超过4分。

3. **答案要点**：①对森林和草原植被的砍伐与开垦（2分）；②污染（2分）；③采集（1分）；④采樵（1分）；⑤狩猎和捕捞（2分）。

4. **答案要点**：①生态系统中的生物生产过程主要包括初级生产和次级生产（2分）；②初级生产是指能量从太阳能到化学能，物质从无机物到有机物的同化

过程（3分）；③次级生产指消费者和分解者对利用初级生产物质进行同化作用建造自身和繁殖后代的过程（3分）。

五、论述题

1. **答案要点：**①直接产生生态破坏，如占用土地和开挖，造成对森林、植被和其他生物资源的砍伐和毁坏，破坏动植物的生存环境和栖息地（1分）；②影响生态平衡，阻断鱼类的洄游路线，造成外来种入侵，截断一些陆生生物的正常迁移路线，影响生物的分布和繁殖（1分）；③大量土石方的开挖及对地表植被的破坏，施工裸地面积增加，加剧了水土流失（1分）；④水库淹没和工程占用耕地，特别是占用基本农田，使耕地永久或临时失去耕种功能（1分）；⑤水电开发使河流的湖泊化已经成为一种对景观的最大威胁（1分）。

2. **答案要点：**①保护绿孔雀的生存环境、取食区域、繁殖条件、求偶或迁徙通道，加大栖息地的保护力度（1分）；②建立救护和繁殖种群的机制和工作方式，采取人工繁殖措施和饲养（1分）；③减少和消除人为因素和经济活动对绿孔雀的干扰（1分）；④加强管理，严惩偷猎，严格执行国家颁布的《野生动物保护法》和各项保护野生动物法规，采取有力措施制止偷猎行为（1分）；⑤加大宣传力度，提高当地居民的爱鸟护鸟意识（1分）。

3. 本题考查学生对习近平总书记讲话的理解，故不拟定标准答案。只要结合人与自然协调发展、生态系统的公益服务性能、绿水青山就是金山银山等作答，均可给分。如果言之有理，结合自身实际，可以酌情加分，但总分不能超过该小题满分8分。

期末测试真题（三）

一、单项选择题

1. B；2. B；3. A；4. D；5. A；6. B；7. C；8. B；9. D；10. C

二、填空题

1. 我们共同的未来；2. 遗传；3. 微环境；4. 最低温度、最适温度、最高温度；5. 分阶段；6. 增长型、稳定型、衰退型；7. 10 000；8. 富集、放大；9.50%、62.5%

三、名词解释

1. Liebig's law of minimum（李比希最小因子定律）（1分）：植物的生长取决于那些处于最少量状态的营养成分（2分）。

2. founder effect（建立者效应）（1分）：建立一个新种群时，最初群体的大小和遗传组成对新建立种群的遗传结构的影响（2分）。

3. wetland（湿地）（1分）：是一类既不同于水体，又不同于陆地的特殊过渡类型生态系统，为水生、陆生生态系统界面相互延伸扩展的重叠空间区域（2分）。

4. 生态平衡：是指生态系统通过发育和调节所达到的一种稳定状况，它包括结构上的稳定、功能上的稳定和能量输入输出上的稳定（3分）。

5. 次生演替：是指在原有群落被去除的次生裸地上开始的演替（3分）。

四、简答题

1. **答案要点**：水是生物体不可缺少的组成成分（2分）；水是生物体所有代谢活动的介质（2分）；水为生物创造稳定的温度环境（2分）；生物起源于水环境（1分）；水还能维持细胞和组织的紧张度，使植物保持一定的状态，维持正常的生活（1分）。

2. **答案要点**：①互利共生：两个物种在一起时双方都有利，都以对方的存在作为自己生存的条件。如果没有对方，在自然条件下就不能生存。如真菌和藻类共生体地衣（3分）；②偏利共生：对一个种有利，而对另一个种则无利也无害。如榕树和树干上的蕨类（2分）；③原始协作：两个种群在一起时，都可从中获利，但每一种都不以对方的存在作为自己生存的条件。如寄居蟹和海葵（3分）。

注：每举一个例子得1分，如果没有举例，本题满分不能超过5分。

3. **答案要点**：①具有一定的物种组成（2分）；②具有一定的外貌和内部结构（1分）；③形成群落环境（1分）；④不同物种之间的相互影响（1分）；⑤具有一定的动态特征（1分）；⑥具有一定的分布范围（1分）；⑦群落的边界特征（1分）。

4. **答案要点**：①能量流是变化的（2分）；②能量流是单向流（2分）；③能量流在生态系统内流动的过程是不断递减的过程（2分）；④能量在流动过程中质量逐渐提高（2分）。

五、论述题

1. **答案要点**：①温度和水分影响生物的生长和发育，热带雨林分布区域终年高温多雨，年平均气温 26℃ 以上，年降水 2 500～4 500 mm，热带雨林的高温多雨适宜生物的生长、发育和繁殖（3 分）；②复杂的植物群落结构为动物提供了常年丰富的食物和多种多样的隐避场所，因此热带雨林区也是地球上动物种类最丰富的地区（2 分）。

2. 本题考查学生对经济发展与生态保护之间关系的理解，故不拟定标准答案，只要围绕以下要点作答均可酌情给分：①强化生态保护意识，牢固树立"绿水青山就是金山银山"的价值理念；②把生态保护作为决策的重要环节之一，从源头上落实环境保护基本国策；③把环境保护作为生产和消费过程的重要环节，大力发展清洁生产、循环经济和绿色消费；④把环境作为改善人居环境的重要环节，集中精力解决突出的环境问题；⑤加强环境教育、环境立法和执法。

3. 本题考查学生对毁林种胶带来的负面效应的理解，故不拟定标准答案。只要结合替代种植、减少橡胶林发展规模、发展林下经济、发展当地特色生态旅游和生态农业、实行严格的天然林、水源林、国有林、集体林的保护政策，在部分乡村试点进行生态补偿，加强公益林建设等作答，均可酌情给分。如果言之有理，可以酌情加分，但总分不能超过该小题满分 7 分。

期末测试真题（四）

一、单项选择题

1. C；2. A；3. B；4. A；5. C；6. D；7. C；8. B；9. A；10. D

二、填空题

1. 干扰（或人为干扰）；2. 生态系统；3. 生物；4. 土壤圈；5. NaCl、Na$_2$SO$_4$；6. 集群；7. 0.75、2（或者 lg4、ln4）；8. 气候；9. 108（由于 ln2 的取值小数点不同，答 107 或 109 也算对）；10. 水；11. 纬向（度）、经向（度）、垂直

三、名词解释

1. light saturation point（光饱和点）（1 分）：通常光合速率与光照强度成正

比，但达到一定光照强度后光合速率不再增加，甚至会下降，这个拐点称为光饱和点（2分）。

2. negative feedback（负反馈）（1分）：它是比较常见的一种反馈，其作用是能够使生态系统达到和保持平衡或稳态，反馈的结果是抑制和减弱最初发生变化的那种成分所发生的变化（2分）。

3. community succession（群落演替）（1分）：是指在一定地段上，群落由一个类型转变为另一个类型的有顺序的演变过程，即一个群落被另一个群落所取代的过程（2分）。

4. 生态位：指种群在群落中所占有的物理空间，在群落中的功能作用以及它们在温度、湿度、pH、土壤和其他生存环境变化梯度中的位置（3分）。

5. 最小面积：在群落种类数目和面积曲线上，曲线拐点上对应的面积就是最小面积，最小面积包括群落中的大多数植物种类（3分）。

四、简答题

1. **答案要点**：①贝格曼规律：生活在高纬度地区的恒温动物，其身体往往比生活在低纬度地区的同类个体大，单位体重散热相对较少（4分）；②阿伦规律：恒温动物身体的突出部分如四肢、尾巴和外耳等在低温环境中有变小变短的趋势，这也是减少散热的一种形态适应（4分）。

2. **答案要点**：①无交互作用（中性作用），两物种彼此无影响，如兔子和鱼（1分）；②互利共生，如真菌和地衣（1分）；③偏利共生，如榕树和树干上的蕨类（1分）；④原始协作，如寄居蟹和海葵（1分）；⑤他感作用，如核桃树分泌化感物质毒害周边植物（1分）；⑥竞争，如水稻和稗草（1分）；⑦寄生，如人体和蛔虫（1分）；⑧捕食，如猫和老鼠（1分）。

注：如果没有举例，本题满分不能超过4分。

3. **答案要点**：①密度（2分）；②多度（1分）；③盖度（1分）；④频度（1分）；⑤高度（长度）（1分）；⑥质量（1分）；⑦体积（1分）。

4. **答案要点**：①固氮作用（2分）；②氨化作用（2分）；③硝化作用（2分）；④反硝化作用（2分）。

五、论述题

1. **答案要点**：①生物多样性是生命有机体及其赖以生存的生态综合体的多样

化（variety）和变异性（variability），或指生物的多样化、变异性以及生境的生态复杂性（2分）。②生物多样性为人类提供了食物、纤维、木材、药材和多种工业原料（1分）；生物多样性还在保持土壤肥力、保证水质以及调节气候等方面发挥了重要作用（1分）；生物多样性在大气层成分、地球表面温度、地表沉积层氧化还原电位以及 pH 等的调控方面发挥着重要作用（1分）；生物多样性的维持将有益于一些珍稀濒危物种的保存（1分）。

2．**答案要点**：①生存环境遭到破坏。人类活动导致野生动物生存环境遭到破坏，甚至消失，影响到物种的正常生存（1.5分）。②掠夺式的开发利用。乱捕滥杀和乱砍滥伐使我国的生物多样性受到严重威胁（1.5分）。③环境污染。例如，大量的废水、废气、垃圾、粉尘等的排放以及化肥、农药的大量使用（1.5分）。④外来物种的影响。生物入侵使原有物种的生存受到极大的威胁（1.5分）。

3．**答案要点**：①建立更多的自然保护区和保护地，进行就地和迁地保护，保护珍稀和濒危的动植物物种和生态系统（2分）；②建立种质基因库，保护珍贵的遗传多样性（1分）；③对于那些已经遭受破坏或正在发生衰退的生境，需要投入资金和技术，开展减轻环境压力和生境恢复的工作，保护生物的栖息环境，保护生态系统的多样性（2分）；④关注生物多样性丰富地区的民众生计，帮助他们增强可持续发展的能力、增强保护其传统文化的能力也是保护生物多样性的重要内容（1分）。如果言之有理，可以酌情加分，但总分不能超过该小题满分6分。

期末测试真题（五）

一、判断题

1．√；2．×；3．×；4．×；5．√；6．×；7．√；8．×；9．×；10．×

二、填空题

1．协同进化；2．大气圈、水圈、生物圈；3．阿伦规律；4．机械、通气；5．K、r；6．150；7．森林、草原、荒漠；8．单向性、逐级递减性

三、单项选择题

1．C；2．C；3．B；4．D；5．C；6．B；7．B；8．C；9．C；10．B

四、名词解释

1. Gaia hypothesis（盖亚假说）（1 分）：地球自我调节学说，生物保证了整个地球系统的稳定性。地球是一个生物、海洋、大气和土壤组成的复合系统。该系统是完全自我调节，生物区系不仅产生有一定成分的大气和特定的温度，保持生物自我调节生理特征稳定性的条件（2 分）。

2. ecological amplitude（生态幅）（1 分）：生物对每一种环境因子都有其耐受的上限和下限，上限与下限之间是生物对这种环境因子的耐受范围，称为生态幅（2 分）。

3. stress-tolerant strategy（胁迫-忍耐策略）（1 分）：植物在高胁迫低干扰生境中所采取的一种生态对策（2 分）。

4. edge effect（边缘效应）（1 分）：在群落交错区，生物种类和一些种密度有增多趋势的现象（2 分）。

5. biological enrichment（生物富集）（1 分）：生物个体或处于同一营养级的许多生物种群，从周围环境中吸收并积累某种元素或难分解的化合物，导致生物体内该物质的浓度超过环境中浓度的现象（2 分）。

五、简答题

1. **答案要点**：环境中各种因子的存在都有其必要性，尤其是作为主导作用的因子，如果缺少便会影响生物的正常生长发育，甚至发生疾病或死亡。从这个角度看，生态因子具有不可替代性。但许多条件下，在多个生态因子的综合作用过程中，由于某一因子在量上的不足，可以由其他因子来部分补偿，并且同样可以获得相似的生态效应。（3 分）

例如，在植物进行光合作用的过程中，光照用在光反应阶段，二氧化碳用在暗反应阶段，不可替代，但如果光照不足，二氧化碳含量的增加可以起到一定的补偿作用。（2 分）

2. **参考答案：**

x	n_x	d_x	l_x	q_x	L_x	T_x	e_x
0	1 000	**B 600**	1.0	0.6	**D 700**	1 200	1.2
1	400	200	0.4	0.5	300	500	**E 1.25**
2	**A 200**	100	0.2	0.5	150	200	1.0
3	100	100	0.1	**C 1.0**	50	50	0.5
4	0	0	0	0	0	0	0

3．答案要点：

	原生演替	次生演替
起始条件	原来没有植被或原有植被彻底消灭	原有植被受到不同程度干扰,但未被彻底消灭
经历时间	较长	短
发生速度	慢	快
影响因素	自然因素	人为因素为主

4．答案要点：生物多样性丧失的原因主要有：①生态环境丧失和片段化；②外来种的侵入；③生物资源的过度开发；④环境污染；⑤全球气候变化；⑥人口的剧增和人类活动等。（5分）

5．答案要点：①准备 A、B、C 3 套熏气装置，其中装置 A 无植物，熏气；装置 B 有植物，熏气；装置 C 有植物，不熏气。

②准备好纯 SO_2 气体，或用 Na_2SO_3 和 H_2SO_4 反应制取。

③在相同时间内向装置 A 和装置 B 中通入 SO_2 气体，时间到后停止通气。

④1 h 后（或更长时间）测定装置 A 和装置 B 内的 SO_2 浓度，结果发现装置 A 中 SO_2 的浓度大于装置 B。

⑤测定装置 B 和装置 C 中植物叶片中的硫含量，发现装置 B 中植物叶片的硫含量高于装置 C。

六、论述题

答案要点：①"碳达峰"就是二氧化碳达到峰值，是指我国承诺 2030 年前，二氧化碳的排放不再增长，达到峰值之后逐步降低（3分）；"碳中和"是指企业、团体或个人测算在一定时间内直接或间接产生的温室气体排放总量，然后通过植树造林、节能减排等形式，抵消自身产生的二氧化碳排放量，实现二氧化碳"零排放"（3分）。②生态系统碳循环的一个主要途径是绿色植物借助光能吸收二氧化碳和水进行光合作用，光合作用发生在陆地上和水域中。被植物固定成有机分子的碳又被动物、细菌和其他异养生物所消费。这些生物又把呼吸的代谢产物二氧化碳和水排出体外。如果生物在腐败以前被保存在海洋、沼泽或湖泊的沉积物中，那么其中含有的碳就会在相当长的一段时间内脱离循环（4分）。③不断巩固提升生态碳汇能力，以林业和草原为重点，推进大规模国土绿化，增加森林、草原、湿地等资源总量，做大碳汇增量；在经济增长和能源需求增加的同时，持续削减煤炭发电、大力发展和运用风电、太阳能发电、水电、核电等非化石能源，实现清洁能源代替火力发电；加快产业低碳转型、促进服务业发展、强化节能管理、加强重点领域节能减排、优化能源消费结构、开展各领域低碳试点和行动（5分）。

硕士学位研究生入学考试模拟试卷（一）

一、名词解释

1. 净初级生产力：在单位时间和空间内，去掉呼吸所消耗的有机物质之后生产者积累有机物质的量。

2. 趋异适应：同种类的生物当生活在不同的环境条件下，通过变异选择形成不同的形态或生理特征以及不同的适应方式或途径，这种现象叫趋异适应。

3. 动态生命表：根据观察一群同一时间出生的生物死亡或存活的动态过程而获得数据编制的生命表。

4. 黄化现象：多数植物在黑暗中生长时呈现黄色和其他变态特征的现象。

5. 生物监测：生物监测是指利用生物对环境中污染物质的反应，即利用生物在各种污染环境下所发出的各种信息，来判断环境污染状况的一种监测手段。

6. 水体自净：水体自净是指水体具有消纳一定量的污染物质，使自身的质量保持洁净的能力，包括：稀释、扩散、挥发、沉淀等物理过程；氧化、还原、吸附、凝聚、中和等化学和物理化学过程；以及微生物对有机物分解代谢等生物和生物化学过程。

二、填空题

1. 分散、集群；2. 地球自我调节、生物；3. 人、生物；4. 淡水、海洋、陆地；5. 繁殖前期、繁殖期、繁殖后期；6. 种内、种间、食物调节；7. 属、种；8. 生态破坏、环境污染；9. 反馈机制、抵抗力、恢复力；10. 温度、水分；11. 回顾评价、现状评价、影响评价（预断评价）；12. 工厂噪声、交通噪声、施工噪声、社会生活噪声；13. 行政手段、法律手段、经济手段、技术手段、宣传教育手段

三、单项选择题

1. B；2. B；3. C；4. D；5. D；6. C；7. B；8. D；9. C；10. D；11. C；

12. B；13. D；14. C；15. D

四、简答题

1. **答**：①捕食性食物链，也称牧食性食物链。是生物间以捕食关系而构成的食物链，这种食物链以绿色植物为基础。如小麦→麦蚜虫→肉食性瓢虫→食虫→小鸟→猛禽。②腐生性食物链，也称分解链，这是从死亡的有机体被微生物利用开始的一种食物链。如动植物残体→微生物→土壤动物；有机碎屑→浮游动物→鱼类。③寄生性食物链，生物间以寄生物与寄主的关系而构成的食物链，其特点是由较大的生物开始至体型微小的生物，后者寄生于前者的体表或体内。如哺乳类或鸟类→跳蚤→原生动物→滤过性病毒。（每点2分，定义1分，例子1分）

2. **答**：水生植物有3类：①沉水植物；②浮水植物；③挺水植物。（3分）
陆生植物有3类：①湿生植物；②中生植物；③旱生植物。（3分）

3. **答**：①一年生植物；②隐芽植物或地下芽植物；③地面芽植物；④地上芽植物；⑤高位芽植物。（每点1分）

4. **答**：土壤环境污染或简称土壤污染，系指人类活动产生的污染物，通过不同的途径输入土壤环境中，其数量和速度超过了土壤的净化能力，从而使土壤污染物的累积过程逐渐占据优势，土壤的生态平衡受破坏，正常功能失调，导致土壤环境质量下降，影响作物的正常生长发育，作物产品的产量和质量随之下降，并产生一定的环境效应（水体或大气发生次生污染），最终将危及人体健康，影响人类生存和发展的现象。（4分）

土壤污染主要有以下两个特点：①隐蔽性和潜伏性。土壤污染是污染物在土壤中长期积累的过程，一般要通过对土壤污染物、植物产品质量分析监测，植物生态效应，植物产品产量，以及环境效应监测。其后果要通过长期摄食由污染土壤生产的植物产品的人体和动物的健康状况才能反映出来。因此，土壤污染具有隐蔽性和潜伏性，不像大气和水体污染那样易为人们所觉察。②不可逆性和长期性。污染物进入土壤环境后，便与复杂的土壤组成物质发生一系列迁移转化作用。其中，许多污染作用为不可逆过程，污染物最终形成难溶化合物沉积在土壤中。因此，土壤一旦遭受污染，极难恢复。（4分）

5. **答**：活性污泥法处理城市污水的基本处理流程主要包括：原废水首先经过格栅（粗格栅、细格栅）去除废水中的漂浮物，再经过沉沙池去除比重较大的无机物，接着进入初次沉淀池去除部分比重较大的悬浮物，再进入曝气池，利用活性污泥的吸附作用及其中微生物的新陈代谢作用分解去除有机物，经过处理的泥水混合物进入二次沉淀池进行泥水分离，上清液排出系统外，大部分活性污泥回流到曝气池，多余的活性污泥也排出系统外，并经过污泥浓缩、污泥消化、污泥脱水和干燥，最后加以利用。（5 分）

五、论述题

1. **答**：完整的生态系统由生产者、消费者、分解者和非生物环境 4 部分组成。组成生态系统的各成分，通过能流、物流和信息流，彼此联系起来形成一个功能体系。（4 分）

生态系统的结构包括形态结构和功能结构。（2 分）

形态结构即群落结构，功能结构主要是指系统内的生物成分之间通过食物链或食物网构成的网络结构或营养位级。（2 分）

生态系统的主要功能包括能量流动、物质循环和信息传递。（3 分）

能量是生态系统的基础，是生态系统运转、做功的动力，没有能量的流动，就没有生命，就没有生态系统。生态系统能量的来源，是绿色植物的光合作用所固定的太阳能，太阳能被转化为化学能，化学能在细胞代谢中又转化为机械能和热能。生态系统的物质，主要指生物所必需的各种营养元素。生态系统中流动着的物质具有双重作用。首先，物质是储存化学能的运载工具，如果没有能够截取和运载能量的物质，能量就不能沿着食物链逐级流动。其次，物质是生物维持生命活动所进行的生物化学过程的结构基础。生态系统中的物质循环和能量流动是紧密联系、不可分割的，构成一个统一的生态系统功能单位。在生态系统中，除了物质循环和能量流动，还有有机体之间的信息传递。（4 分）

2. **答**：生态位是指种群在群落中所占有的物理空间，在生物群落中的功能作用以及它们在温度、湿度、pH、土壤和其他生存环境变化梯度中的位置。（3 分）

生态位理论的基本要点：①生态位宽度（广度）：一个有机体单位（物种）利用的各种各样不同资源的综合的幅度。一种生物或生物类群所表现出来的资源利用的多样性。可利用的资源少，生态位宽度增加，促使生态位泛化；资源丰富，可选择性大，生态位宽度减少，促使生态位特化。（3 分）

②生态位重叠：不同物种的生态位之间的重叠现象，或是说两个或更多的物种对资源位和资源状态共同利用。生态位重叠是竞争的必要条件但并非绝对条件，而取决于资源状态。资源丰富，供应充足，生态位重叠也不发生种间竞争；资源

贫乏，供应不足，生态位稍有重叠，即发生激烈的种间竞争。（3分）

③生态位分离：两个物种在资源系列上利用资源的分离程度，又称竞争排斥原理或高斯原理：如果许多物种占据一个特定的环境，它们要共同生活下去，必然要存在某种生态学差别（具有不同的生态位），否则它们不能在相同的生态位内永久地共存。（3分）

④生态位移动：种群对资源谱利用的变动，这是环境胁迫或者竞争的结果。（3分）

3. 答：生物多样性是生命有机体及其赖以生存的生态综合体的多样化和变异性，包括植物、动物、微生物和生态系统的遗传多样性、物种多样性、生态系统和景观多样性。保护生物多样性就是在基因、物种、生态系统和景观等水平上的保护。（4分）

保护生物多样性的重要性：每个水平的生物多样性都有其重要的实用价值，保护生物多样性是实现可持续发展的需要，物种的多样性为我们提供了大量的野生和养殖的动物、植物和渔业产品。遗传多样性对于培育抗性新品种是非常重要的，生物多样性对于生态系统的重要作用是改善生态系统的调节能力，维护生态平衡。而目前，世界上的许多物种都受到了严重的威胁，野生物种的灭绝，生物多样性的锐减，受到全球的关注。（4分）

生物多样性保护的措施：①加强生物多样性保护管理。主要包括：建立完善的生物多样性保护的法律体系，使自然保护法规趋于完善，同时完善其实施途径，加强执法队伍建设；制定生物多样性保护的战略和计划；积极推行和完善各项管理制度，强化监督管理，逐步使生物多样性管理规范化、制度化、科学化。②完善自然保护区及其他保护地网络。首先要采取措施加强现有自然保护区的保护功能，其次是要在生物多样性迫切需要保护的地区建立新的自然保护区。③保护野生物种及作物与家畜的遗传资源，通过建立自然保护区，禁止采猎濒危物种，低温保存种质资源，将生态系统、物种和基因源与人类活动分开以及通过建立人工环境来拯救物种等。④建立全国范围的生物多样性信息和监测网。必须加强现有保护区内的监测工作，既要监测目前的情况，又要监测采取行动后取得的效果。⑤进一步加强生物多样性保护的国际合作。生物多样性保护是关系到全人类的大事，需要全世界各国协调一致、共同行动、加强合作。包括科研、技术转让和保护措施的合作。（7分）

<h1 style="text-align:center">硕士学位研究生入学考试模拟试卷（二）</h1>

一、名词解释

1．Shelford 耐受性定律：生物的存在与繁殖，要依赖于某种综合环境因子的存在，只要其中一项因子的量（或质）不足或过多，超过了某种生物的耐性限度，则使该物种不能生存，甚至灭绝。这一概念称为 Shelford 耐受性定律。

2．生态对策：生物在进化过程中，对某一些特定的生态压力所采取的生活史或行为模式，称为生态对策，常分为 r-对策和 K-对策。

3．竞争排除原理：高斯（Gause）认为共存只能出现在物种生态位分化的稳定、均匀环境中，因为，如果两物种具有同样的需要，一物种就会处于主导地位而排除另一物种。

4．优势种：对群落的结构和群落环境的形成有明显控制作用的物种称为优势种，它们通常是那些个体数量多、投影盖度大、生物量高、体积大、生活能力强，即优势度较大的种。

5．次生演替：从次生裸地上开始的演替。

6．生态修复：是指以生态学原理为指导，在适当的人工辅助措施下，利用大自然的自我恢复能力，恢复生态系统的保持水土、调节小气候、维护生物多样性的生态功能和开发利用等功能。

7．温室效应：指地球大气层上的一种物理特性，即太阳短波辐射透过大气层射入地球表面，而地面增暖后释放出长波辐射被大气中的二氧化碳等物质所吸收，从而产生大气变暖的效应。

8．biodiversity（生物多样性）：生命有机体及其赖以生存的生态综合体的多样化（variety）和变异性（variability），指生命形式的多样化（从类病毒、病毒、细菌、支原体、真菌到动物界与植物界），各种生命形式之间及其与环境之间的多种相互作用，以及各种生物群落、生态系统及其生境与生态过程的复杂性，包括遗传多样性、物种多样性、生态系统多样性与景观多样性。

二、填空题

1．集群分布、随机分布、均匀分布、集群分布；2．开始期、加速期、转折期、减速期；3．牧食食物链、腐食食物链、碎屑食物链、寄生性食物链；4．减量

化、无害化、资源化；5．好氧塘、厌氧塘、缺氧塘

三、简答题

1．答：旱生植物是生长在干旱环境中能耐受较长时间的干旱，且能维护水分平衡和正常生长发育的植物。（1）多浆植物：①根、茎、叶等薄壁组织转化为储水组织；②面积/体积比小、绿色茎进行光合作用、气孔小而内陷；③细胞内含特殊的五碳糖（6-磷酸核酮糖），提高汁液浓度和保水能力；④景天酸代谢（CAM 途径）。（2）少浆植物：①叶呈针刺状、小鳞片状；②根系发达，或根外有木栓层；③原生质渗透压高；④能保持酶的活性，抑制糖和蛋白质的分解。

2．答：群落分布在纬度与经度上的地带性规律称为水平地带性。

①纬度地带性：从赤道向北极依次出现热带雨林—常绿阔叶林—落叶阔叶林—北方针叶林—苔原，即所谓纬向地带性。如中国从南到北的植物群落的分布。

②经度地带性：由沿海湿润区的森林，经半干旱的草原到干旱区的荒漠。如中国从东到西的植物群落的分布。

3．答：磷循环属于沉积型循环。通过磷素的分化和开采进入土壤，并通过地表径流等途径进入水体，产生水体富营养化。水体中磷素可以通过鸟类和鱼类回归土壤，或通过沉积过程进入沉积物。影响因素包括自然因素和人为因素。

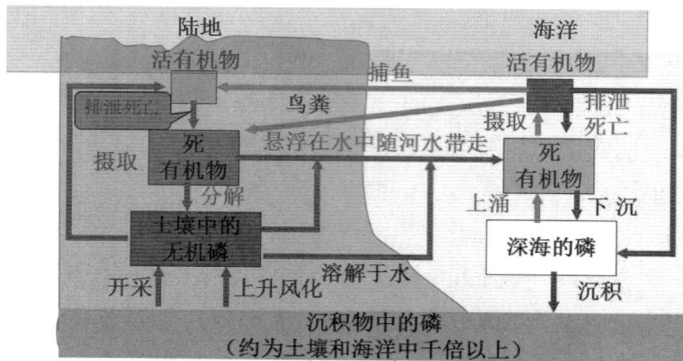

4．答：指生物从环境中蓄积某种元素或难降解的物质，使其在机体内浓度超过环境中该物质浓度的现象。

影响因素：植物的生物学、生态学特征（植物种类、植物生态型、作物品种）；污染物的种类、形态特征（污染物的种类和浓度差异、污染物的形态差异）；环境条件（pH、氧化还原电位和土壤含水量、土壤阳离子交换量与土壤有机质含量、

地形、背景值等)。

四、论述题

1. **答：** 植被破坏的主要原因：自然因素和人为因素。

危害：(1)植物破坏对生物的影响：①植物破坏对植物的影响：生产力下降，物种多样性下降。②植被破坏对动物的影响：对动物生态特征的影响、对动物种群生存的影响、对动物群落结构的影响。③植被破坏对微生物的影响：微生物生物量降低、微生物多样性下降及微生物群落结构破坏、降低微生物生理活性、改变微生物代谢途径。(2)植被破坏对生物地化循环的影响。(3)植被破坏对生态系统服务功能的影响。

保护对策和生态修复的措施：封山育林、林分改造、透光抚育、林业生态工程、自然恢复、基质改良、生物改造等。

2. **答：** 镉污染产生的原因：自然因素(土壤背景值高)；人为因素(含镉肥料的施用、含镉废水的灌溉、矿山开采、含镉粉尘的沉降等)。

危害：①对植物的影响：对植物亚细胞结构的影响、对种子生活力的影响、对植物生长的影响、对植物生理生化的影响。②重金属离子对动物具有毒害作用，常常扰乱动物的正常生命活动，引起动物的中毒和死亡。重金属对动物的影响主要表现在对动物 DNA 分子的损伤、细胞结构和组织器官损害以及动物个体的死亡等。骨痛病，也叫痛痛病，是镉中毒的慢性疾病。其主要症状为四肢疼痛、骨质软化、萎缩、变形、骨折，最后死亡。

降低水稻镉含量的途径：从植物的生物学、生态学特征(植物种类、植物生态型、作物品种)；镉形态特征(污染物的种类和浓度差异、污染物的形态差异)和环境条件(pH、氧化还原电位和土壤含水量、土壤阳离子交换量与土壤有机质含量、地形、背景值等)等方面进行分析。

硕士学位研究生入学考试模拟试卷（三）

一、名词解释

1. 限制因子：把最低量因子和最高量因子相结合，任何接近或超过生物耐性下限或耐性上限的因子都称做限制因子。限制生物生存和繁殖的关键性因子就是限制性因子。

2. 自疏现象：同样年龄大小的同种生物间，竞争个体不能通过运动逃避竞争，因此竞争中失败者死去，这种竞争结果使较少量的较大个体存活下来，这一过程叫自疏现象。

3. 生态位：指种群在群落中所占有的物理空间，在生物群落中的功能作用以及它们在温度、湿度、pH、土壤和其他生存环境变化梯度中的位置。

4. 建群种：植物群落中，处于乔木层的优势种称为建群种。

5. 生态平衡：生态系统通过发育和调节达到一种稳定的状态，表现为结构上、功能上、能量输入和输出上的稳定，当受到外来干扰时，平衡将受到破坏，但只要这种干扰没有超过一定限度，生态系统仍能通过自我调节恢复原来状态。

6. 植物修复：指利用植物吸收、挥发或固定土壤中的污染物，降低其含量或有效态含量，降低或消除污染物的危害的修复方式。

7. acid rain（酸雨）：是指 pH 小于 5.6 的降水，包括酸性雨、酸性雪、酸性雾、酸性露和酸性霜。

8. 生态系统多样性：指生态系统中生境类型、生物群落和生态过程的丰富程度。

二、填空题

1. 长日照植物、短日照植物、中日照植物、中间型植物；2. I 型（凸型）、II 型（对角线型）、III 型（凹型）；3. 地衣群落阶段、苔藓群落阶段、草本植物群落阶段、木本植物群落阶段；4. 环境污染、乱砍滥伐、过度放牧、物种入侵；5. 化学控制、物理控制、生物控制

三、简答题

1. 答：高温对植物的影响：减弱光合作用，增强呼吸作用，使这两个重要过程失调，造成植物的饥饿现象，破坏植物的水分平衡，加速生长发育，促使蛋白质凝固，导致有害物质的积累。（分解过程的中间产物积累在体内）

植物对高温的适应：抗辐射、保水、散热等形态、生理、行为的适应。①形态上的适应：芽具鳞片、体具蜡粉、植株矮小；②生理上的适应：减少细胞中的水分和增加细胞中有机质的浓度以降低冰点，增加红外线和可见光的吸收带（高山和极地植物）；③行为上的适应：休眠等。

2. 答：边缘效应：群落交错区的生物种类和一些种群密度增加的现象称为边

缘效应。

边缘效应原理的实践意义：①利用群落交错区的边缘效应增加边缘长度和交错区面积，提高野生动物的产量；②人类活动而形成的交错区有的是有利的，有的是不利的。

3. **答**：生态平衡的调节主要是通过生态系统的反馈机制、抵抗力和恢复力实现。生态系统平衡的调节机制：生态系统具有自我调节的能力，维持自身的稳定性，自然生态系统是一个控制论系统。

①反馈机制：在维持生态系统的稳定性方面具有重要的作用。

②自我调节的能力：生态系统抵抗外来干扰的能力称为自我调节能力，包括抵抗力与恢复力。系统保持现行状态的能力，即抗干扰的能力（抵抗力 resistance）；系统受扰动后回归该状态的倾向，即受扰后的恢复能力（恢复力 resilience）。

4. **答**：①水溶态污染物到达植物根表面的途径：质体流途径——污染物随蒸腾拉力，在植物吸收水分时与水一起到达植物根部；扩散途径——通过扩散到达根表面。

②液态污染物进入细胞的过程：细胞壁是污染物进入细胞的第一道屏障；细胞膜与细胞壁共同构成细胞的防卫体系；细胞质的积累；非共质体沉淀。

影响因素：植物的生物学、生态学特征（植物种类、植物生态型、作物品种）；污染物的种类、形态特征（污染物的种类和浓度差异、污染物的形态差异）；环境条件（pH、氧化还原电位和土壤含水量、土壤阳离子交换量与土壤有机质含量、地形、背景值等）。

四、论述题

1. **答**：土壤退化的原因：土壤肥力衰退导致生产力下降的过程，包括自然因素和人为因素。

土壤退化的特征：物理特征的退化、化学特征的退化和生物特征的退化。

生态修复的对策：物理修复、化学修复、生物修复、地貌重塑、植被重建、食物链重建等。（举例说明略）

2. **答**：水体富营养化产生的原因：水体氮和磷素的过量、水量减少、围湖造田、过度开发等。

生态修复对策：外源污染控制技术（湿地、生物塘系统、面源污染控制、点源污染控制等），内源污染控制技术（水生植被恢复、底泥疏浚、稀释和冲刷、水动力循环技术、深水曝气、生态控制、营养盐控制技术、藻类控制技术等）。（举例说明略）

硕士学位研究生入学考试模拟试卷（四）

一、名词解释

1．biotic community（生物群落）：特定空间或特定生境下，生物种群有规律的组合，它们之间以及它们与环境之间彼此影响，相互作用，具有特定的形态结构与营养结构，执行一定的功能，这种多种群的集合称为生物群落。

2．biodiversity（生物多样性）：生命有机体及其赖以生存的生态综合体的多样化（variety）和变异性（variability），指生命形式的多样化（从类病毒、病毒、细菌、支原体、真菌到动物界与植物界），各种生命形式之间及其与环境之间的多种相互作用，以及各种生物群落、生态系统及其生境与生态过程的复杂性，包括遗传多样性、物种多样性、生态系统多样性与景观多样性。

3．限制因子：把最低量因子和最高量因子相结合，任何接近或超过生物耐性下限或耐性上限的因子都称为限制因子。限制生物生存和繁殖的关键性因子就是限制性因子。

4．自疏现象：同样年龄大小的同种生物间，竞争个体不能通过运动逃避竞争，因此竞争中失败者死去，这种竞争结果使较少量的较大个体存活下来，这一过程叫自疏现象。

5．生态位：指种群在群落中所占有的物理空间，在群落中的功能作用以及它们在温度、湿度、pH、土壤和其他生存环境变化梯度中的位置。

6．热带雨林：热带雨林分布在赤道南北的热带界线内，是目前地球上面积最大，对人类生存环境影响最大的森林生态系统。常分为 3 个区域：南美洲的亚马孙盆地、非洲热带雨林区和印度-马来亚热带雨林区，往北可延至我国西双版纳和海南岛。

7．十分之一定律：能量在生态系统内流动的过程，是能量不断递减的过程，能量转化效率，在 n 与 $n+1$ 营养级摄取的食物量能量之比为 10%。

8．生物富集：生物个体或处于同一营养级的许多生物种群，从环境中吸收并积累某种元素或难分解的化合物，导致生物体内该物质的浓度超过环境中浓度的现象，或称为生物浓缩。

二、比较题

1．答：湿地植物是指生长在湿地系统中的植物，包括水生植物和部分陆生植物。湿生植物是陆生植物的一种生态类型，对水分具有一定的依赖性，生长在水分条件较好的陆地环境中。

2．答：

特征	进展演替	逆行演替
群落结构	复杂化	简化
地面利用	充分	不充分
群落生产率	增加	减少
环境发展趋势	中生化	旱生化或湿生化
群落稳定性	增加	降低
树种耐阴性	较耐阴	较喜光

三、简答题

1．答：捕食作用：一种生物吃掉另一种生物的直接对抗关系。

生态学意义：①对猎物的种群数量和质量起调节作用；②猎物的防卫机制；③植物仅部分受害，植物的补偿机制；④植物和草食动物的协同进化（指在进化过程中，一个物种的性状作为对另一个物种性状的反应而进化，而后一个物种的性状又作为对前一个物种性状的反应而进化的现象）。

2．答：种群：同一物种在一定空间和一定时间的个体的集合体。种群是具有潜在互配能力的个体集合体。

基本特征：①数量特征，定量地研究种群的出生率、死亡率、迁入率和迁出率，了解影响种群波动的因素及种群存在、发生规律；②空间特征，种群的分布格局等；③遗传特征，遗传物质的变化。

3．答：生态系统中能量流动的途径：沿牧食食物链进行传递；沿腐食食物链传递；牧食食物链和腐食食物链是生态系统能流的主要渠道；矿化和储存过程。

生态系统中能流特点：①能流是单向流动，均态分散；②能量在生态系统内流动的过程，是能量不断递减的过程，能量转化效率符合十分之一定律；③能量在流动过程，是一个热的利用和耗损过程，符合热力学第一定律和热力学第二定律。

4．答：温室效应：指地球大气层上的一种物理特性，即太阳短波辐射透过大气层射入地球表面，而地面增暖后释放出长波辐射被大气中的二氧化碳等物质所吸收，从而产生大气变暖的效应。

产生的原因：人为因素和自然因素。

对生态环境的影响：全球变暖；冰川融化和海平面上升；雨水分布不均，灾害天气增多；生物气候带变化（气温上升使植被北移、生物群落迁移并非同步进行、温度升高导致生物物候提前、山底部生物的分布向山顶推移、全球变暖使许多生物种类面临灭绝危险等）；对农林牧业的影响（改变农业种植结构、改变作物复种指数等）。

四、论述题

1. **答**：生物入侵产生的原因：自然因素和人为因素。如"搭便车或偷渡"随交通工具侵入；海洋垃圾；旅游者带入；通过周边地区自然传入，随人类的建设过程传入；军队的转移；有意引进。

生物入侵产生的危害：对生态系统、生境、物种、人类健康带来威胁的外来种，可能威胁当地动植物的生存，导致庄稼减产，使海水和淡水生态系统退化，造成经济损失。①生物入侵影响物种多样性；②生物入侵影响遗传多样性；③生物入侵影响生态系统多样性；④生物入侵造成经济损失；⑤生物入侵影响人类健康。

生物入侵产生的防治对策：①化学控制，是在农业上控制生物入侵的主要方法。②机械或物理控制：依靠人力，捕捉外来害虫或拔除外来入侵植物，利用机械设备来防治外来入侵植物，利用黑光灯诱捕有害昆虫等；通过物理学的各种途径防治也可控制外来有害生物，如用火烧和放牧方法控制有害植物；种树和覆盖地表也是控制外来杂草的好方法。③生物控制，指从外来有害生物的原产地引进食性专一的天敌将有害生物的种群密度控制在生态和经济危害水平之下。

生物入侵控制的长期对策：加强宣传，提高认识；强法制，制定专门法；加强监管，建立预警体系；加强合作，共同研究；采取行动，群防群治；提倡使用当地物种。

2. **答**：生态修复的原则：①生态学原则；②地域性原则；③工程学原则；④生态经济学原则。

生态修复的技术一般包括：环境因素的恢复技术；生物因素的恢复技术；生态系统（结构和功能）的总体规划与组装技术。

植被破坏的生态修复：封山育林、林分改造、透光抚育、林业生态工程、自然恢复、基质改良、生物改造等。

硕士学位研究生入学考试模拟试卷（五）

一、名词解释

1. greenhouse effect（温室效应）：太阳短波辐射透过大气层射入地球表面，而地面增暖后放出的长波辐射被大气中的二氧化碳等物质所吸收，从而产生大气变暖的效应。

2. ecosystem（生态系统）：在一定的时空范围内，生物群落与其环境之间通过不断的物质循环与能量流动形成的相互依赖、相互作用、相互制约的统一整体，构成一个生态学的功能单位。

3. 营养级：食物链上的每一个环节称为营养阶层或营养级。或指处于食物链某一环节上的所有生物种的总和。

4. 生态平衡：生态系统通过发育和调节达到一种稳定的状态，表现为结构上、功能上、能量输入和输出上的稳定。当受到外来干扰时，平衡将受到破坏，但只要这种干扰没有超过一定限度，生态系统仍能通过自我调节恢复到原来状态。

5. 演替：生态系统中，一种群落被另一群落所取代的过程。演替经过迁移、定居、群聚、竞争、反应、稳定6个阶段，当群落达到与周围环境平衡时，群落演替渐渐变得缓慢，演替最后阶段的群落称为顶极群落。

6. 生物放大：指生态系统的食物链上，某种元素或难分解化合物在生物机体中浓度随营养级的提高而逐步增大的现象。

7. 阳性植物：适应于强光照地区生活的植物称为阳性植物，这类植物光补偿点的位置较高，光合作用的速率和代谢速率都比较高。蒲公英、蓟、刺苋等，树种中的松、杉、麻栎、栓皮栎、柳、杨、桦、槐等都是阳性种类。药材中的甘草、黄芪、白术、芍药等也是阳性植物。

8. 中度干扰假说：中等程度的干扰水平能维持高生物多样性。适度干扰可以增加群落的物种丰富度。干扰使许多竞争力强的物种占据不了优势，其他物种乘机侵入。

二、比较题

1. **答**：生物修复：狭义的生物修复，是指通过微生物的作用去除环境中的污染物，或降低污染物毒性。主要针对有机污染物。也开始研究利用微生物转化重金属形态或价态，降低其毒性。广义的生物修复一般包括微生物修复、植物修复和动物修复。

植物修复：指利用植物吸收、挥发或固定土壤中的污染物，降低其总含量或有效态含量，降低或消除污染物的危害的一种修复方式。

2. **答**：生物在进化过程中，对某一些特定的生态压力所采取的生活史或行为模式，称为生态对策，常分为 *r*-对策和 *K*-对策。

r-对策：生活在条件严酷和不可预测环境中，种群死亡率通常与密度无关，种群内的个体常把较多的能量用于生殖，而把较少的能量用于生长、代谢和增强自身的竞争能力。采取 *r*-对策的生物称为 *r*-选择者。短命，生殖率很高，产生大量的后代，后代的存活率低，发育速度快，成体体型小。

K-对策：生活在条件优越和可预测环境中，其死亡率大都取决于密度相关的因素，生物之间存在着激烈的竞争，因此种群内的个体常把更多的能量用于除生殖以外的其他各种活动。采取 *K*-对策的生物称为 *K*-选择者，通常是长寿命，种群数量稳定，竞争能力强，个体大但生殖力弱，只能产生很少的后代，亲代对后代有很好的关怀，发育速度慢，成体体型大。

三、简答题

1. **答**：一种生物通过向体外分泌代谢过程中的化学物质，对其他生物产生直接或间接的影响。分泌的物质：乙烯、香精油、酚及其衍生物、不饱和内酯、生物碱、配糖体等。

他感作用的生态学意义：农业上的歇地现象、造成植物群落的种类组成改变、植物群落演替的原因之一。

2. **答**：植物群落分布包括水平地带性与垂直地带性。水平地带性又分为纬度地带性与经度地带性。纬度地带性、经度地带性与垂直地带性统称为三元地带性。

纬度地带性：从赤道向北极依次出现热带雨林—常绿阔叶林—落叶阔叶林—北方针叶林—苔原，即所谓纬向地带性。如中国从南到北的植物群落的分布。

经度地带性：由沿海湿润区的森林，经半干旱的草原到干旱区的荒漠。如中国从东到西的植物群落的分布。

垂直地带性：海拔高度的变化所导致的生物群落有规律的更替，即为群落分布的垂直地带性。如高黎贡山植物群落的垂直分布。

3. **答**：酸雨是指 pH 小于 5.6 的降水，包括酸性雨、酸性雪、酸性雾、酸性露和酸性霜。目前，酸雨还包括"干沉降"，即在不降水时，从空中降下来酸性物质及落尘，包括各种酸性气体、酸性气溶胶和酸性颗粒物。

酸雨形成的原因。酸雨包括硫酸型酸雨和硝酸型酸雨。硫酸型酸雨的主要酸性物质为 SO_4^{2-}，由化石燃料燃烧排放二氧化硫到大气中。二氧化硫被氧气氧化为三氧化硫，三氧化硫被雨水溶解变为硫酸，含硫酸的降雨称为酸雨；硝酸型酸雨的主要酸性物质为 NO_3^-，由化石燃料燃烧排放氮氧化物（NO_x），这些 NO_x 在大气中经过一系列化学反应后形成 HNO_3。

酸雨对植物的影响：酸雨引起的植物叶片可见伤害症状、酸雨对植物生理代谢的影响、酸雨对植物生长的影响、酸雨对植物生物量的影响、酸雨对植物产量的影响。

4. 答：生物富集是指生态系统中生物不断进行新陈代谢的过程中，生物体内来自环境的元素或难分解的化合物的浓度超过了周围环境中的浓度现象，也称为生物浓缩。用生物富集系数或生物浓缩系数表示，指生物体内污染物浓度与环境中该污染物浓度的比值。

影响因素：生物学特性（生物体内能结合固定污染物的物质、生物的不同器官及暴露时间、生物的生育期、不同生物种）、污染物性质（污染物的价态、形态、结构、分子量、溶解稳定性等）、环境特点（土壤含水量、质地、酸碱度、有机质含量等）。

四、论述题

1. 答：水体富营养化产生的原因：工业污染、农业面源污染、生活污染、水土流失、矿产资源开发等过程，排放了大量的氮、磷进入水体。

生态修复对策：①外源控制对策（污水的处理、合理施肥、秸秆综合利用、生活污水的回用、湿地系统的构建、生物塘系统的应用等）；②内源控制对策（底泥疏浚、稀释、深层水的抽取、水动力学循环技术、深层曝气、生态控制技术、藻类控制技术、氮磷控制技术等）。

2. 答：农田土壤重金属污染产生的原因：土壤背景值高、含重金属农药、含重金属化肥、污水灌溉、大气沉降、含重金属废弃物的施用等。

农田土壤重金属污染危害：土壤结构破坏、土壤生物特征的破坏、农产品质量降低、产量下降、生物多样性降低、人体健康的威胁、水体和大气等的威胁等。

降低水稻镉含量的途径：截断污染源、种植低镉富集水稻品种、施用镉钝化剂、改变干湿交替时间、施用镉拮抗剂（如含钙物质）、多样性种植、深翻、客土法等。